for Simple Life

인기 미니멀리스트 27인의 살림 아이디어

미니멀라이프
시간과 돈 사용법

C o n t e n t s

01 CHAPTER

우리 집 시간과 돈 10style

Contents

02 CHAPTER

돈 관리 아이디어

03 CHAPTER

시간 관리 아이디어

요리 *Cooking*

청소 · 세탁 *Clean-up & Washing*

수납 *Storage Space*

가족과 함께하는 시간

CHAPTER

01

우리 집 시간과 돈 10 style

Master of Simple Life

01 / 10

nika 씨

가족 : 남편, 딸(4세), 사는 곳 : 단독주택, 주부

【Instagram】 **nika.home** https ://www.instagram.com/nika.home

집안일은 쌓아두지 않고 바로!
마음의 여유가 생겨요

매일 해야만 하는 일은 미루지 않고 바로 하려고 노력합니다.
그때그때 하면 많은 시간을 들이지 않아도 집을 깔끔하게 유지할 수 있어요.
그렇게 모은 작은 여유시간으로 바쁜 일상 속에서도 평온함을 누릴 수 있답니다.

▶ 시간을 쓰고 싶은 곳

요리가 서툴기 때문에 다른 집안일을 빨리 끝내고 요리 시간을 확보합니다. 그러면 마음에 여유가 생기고 일도 순조롭게 진행됩니다. 가족들에게 맛있는 것을 먹이고 싶은 마음을 담아 열심히 요리한 날은 식탁에 모인 가족들도 더욱 즐거워합니다.

▶ 돈을 써도 좋은 곳

소모품 이외의 일용품과 잡화를 고를 때는 약간 신경을 쓰는 편입니다. 예를 들면 냄비와 식칼, 물주전자처럼 매일 쓰는 것은 잘 관리하면 오래 쓸 수 있는 것을 고릅니다.
반대로 지출을 줄이고 싶은 부분은 외식을 포함한 전반적인 식비입니다.

집안일 시간 단축

자주 쓰는 물건은 필요한 곳곳에 배치

Time Reduction

적은 물건으로 심플하게 살려고 노력하지만 자주 사용하는 물건은 여러 개 삽니다. 각각 필요한 장소마다 놓아두면 일부러 가지러 갈 필요가 없어 시간이 단축됩니다. 대표적인 것은 가위. 거실수납장과 주방, 그리고 현관, 2층 서재 등에 모두 배치. 또 친환경 소독제인 파스토리제는 각 층의 화장실, 주방, 세면대, 현관에 놓아둡니다.

청소

더러워진 곳은 바로 청소한다

Clean-up

청소 도구를 사용하기 편한 곳에 놓고 '더러워졌네.'라는 생각이 들자마자 바로 치울 수 있도록 합니다. 거실 한쪽에 무선청소기와 먼지떨이를 걸어둔 것은 바로 그 때문. 또 복도 수납장에 두던 다리미와 다리미판을 팬트리로 옮겼습니다. 넣고 빼는 것이 힘들다보니 다림질을 자꾸 미루게 돼서 수납 장소를 바꾸었어요.

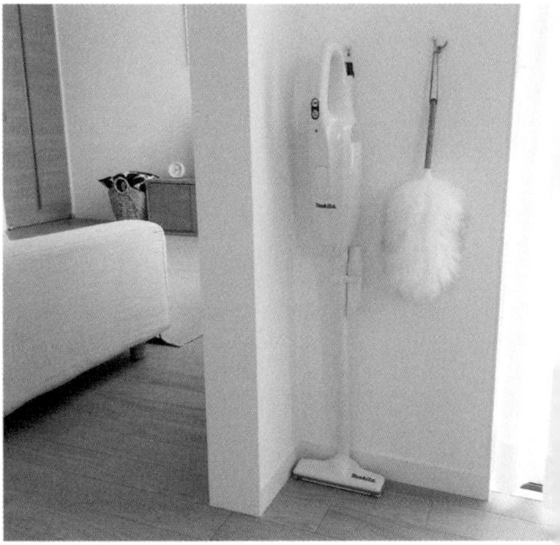

세면대 청소는 밤에 하는 집안일 중 하나. 물기를 완전히 제거하고 매일 리셋합니다. 1~2분밖에 걸리지 않아요. 수전에 물때가 끼었다면 친환경 가정용 세제를 묻힌 랩으로 닦아내면 깨끗해집니다.

쓰지 않는 덮개나 선반은 떼어둔다

처음부터 청소할 곳을 줄이면 청소가 아주 편해집니다. 주방 개수대의 덮개, 음식물 쓰레기통, 쓰지 않는 욕실 선반 등 불필요한 것들을 떼어냈습니다. 세면대 쪽도 자석 비누홀더로 바꿨기 때문에 비누갑과 선반을 철거. 청소가 쉬워진 것은 물론 물때도 끼지 않아 깔끔합니다.

거실 등 특히 어질러지기 쉬운 공간에는 최대한 물건을 놓지 않습니다. 물건 치우고 옮기는 수고가 줄면 청소가 한결 편해집니다.

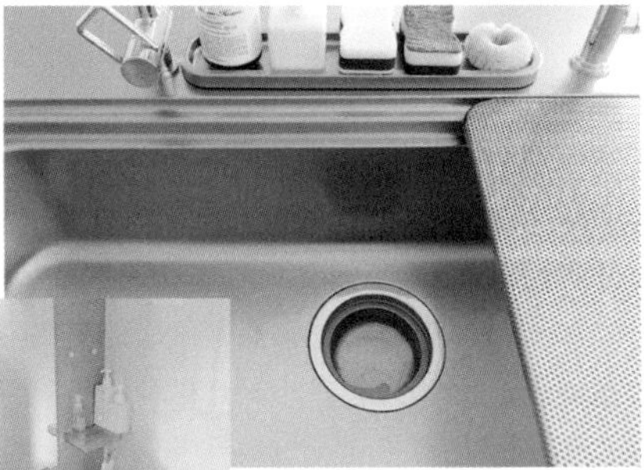

Cooking

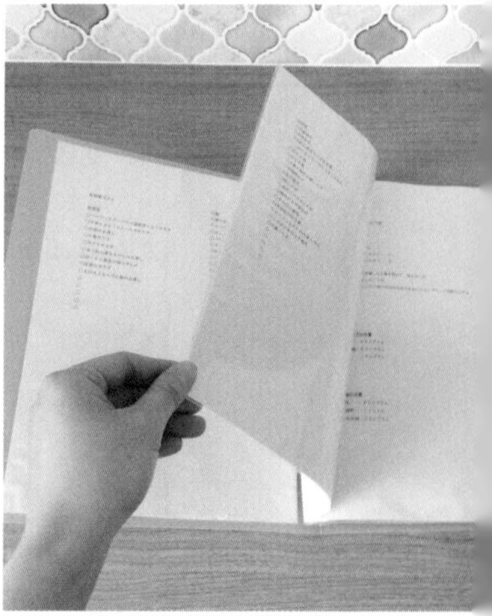

자주 하는 요리 레시피는 파일에 정리

요리에 그다지 재능이 없기 때문에 매일 편하게 메뉴를 정할 수 있도록 고안했어요.
내가 만들 수 있는 요리 목록과 나만의 레시피, 또 잡지에서 스크랩한 요리 레시피를 잘라서 파일에 정리해둡니다. 샐러드, 밥 종류, 반찬 등으로 항목을 나눠서 리스트업. 이렇게 해 두면 고민하지 않고 메뉴를 정할 수 있어요.

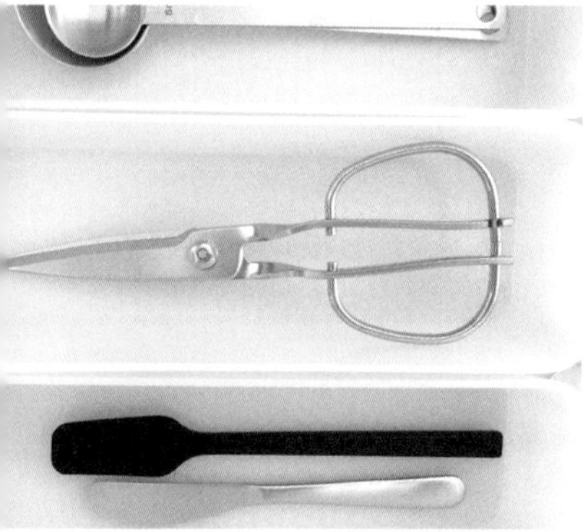

식칼과 도마 대신 주방 가위

고기 요리를 하고나면 도마를 씻고 소독하는 것이 참 귀찮지요. 이럴 때 주방가위를 사용하면 뒤처리할 것이 훨씬 줄어듭니다. 제가 애용하고 있는 것은 토리베(Toribe) 제작소의 주방가위. 올 스테인리스이고 분리도 가능합니다. 이런 조리도구는 쉽게 꺼낼 수 있도록 수량을 줄여서 수납합니다.

법랑냄비는 정기적으로 베이킹소다로 관리

매일 된장국을 끓이는 덴스크(DANSK)의 흰색 법랑냄비.
마음에 쏙 들지만 아무리 깨끗하게 씻어도 사용하다보면 더러움이 눈에 띄기 시작합니다.
그럴 때는 베이킹소다로 간단하게 해결합니다. 미지근한 물을 넣고 베이킹소다 3작은 술 정도를 녹인 다음, 5분 정도 끓여줍니다. 물이 식은 다음 스펀지로 가볍게 문질러주면 다시 새것처럼 반짝반짝. 조금 귀찮지만 기분 좋게 쓸 수 있어요.

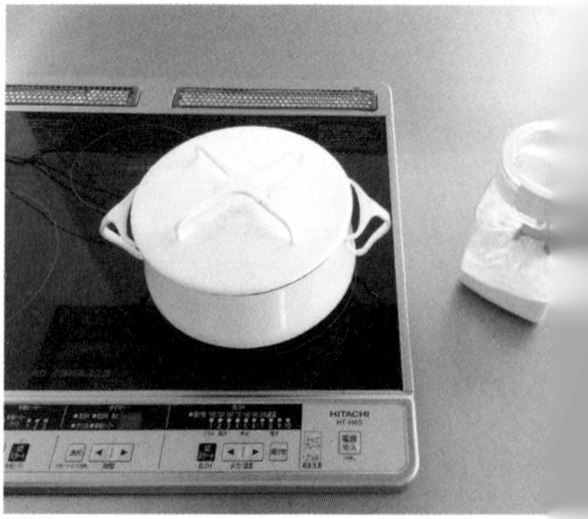

집안일
시간 단축

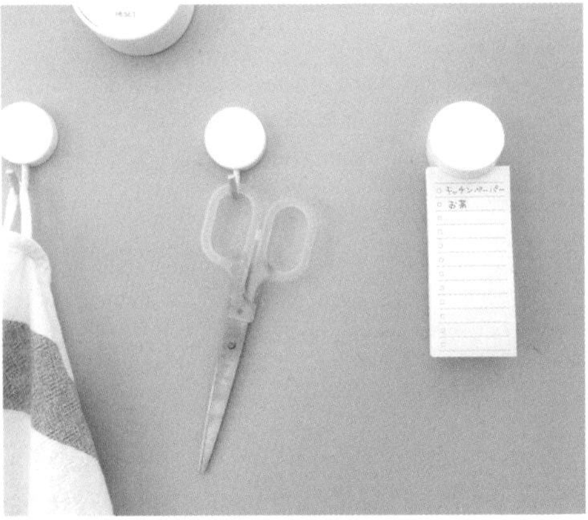

일용품은 고정 상품을 정해서 싸게 파는 물건에 현혹되지 않는다

티슈 등 소모품은 제품을 하나 정해서 그것만 씁니다. 양과 질, 가격을 비교하여 마음에 드는 상품으로 골랐기 때문에 여러 마트를 기웃거리거나 가격에 휘둘릴 일이 없어졌습니다. 약간 비싸지만 오래 쓸 수 있다면 교체하는 수고를 줄일 수 있습니다.
우리 집에서 쓰는 화장실용 휴지는 심이 없는 타입. 다 쓰고 심을 처리할 필요가 없어 편리해요. 재고가 떨어질 것 같으면 냉장고 옆 메모장에 써 둡니다. 그렇게 하면 잊어버릴 염려가 없지요. 마지막 재고를 개봉한 사람이 메모하는 것이 우리 집 규칙입니다.

Time Reduction

모든 물건은 제자리를 정해준다

방 정리하는 시간을 줄이기 위해 수납에 신경을 쓰고 있습니다. 무엇이 어디에 있는지, 제자리가 확실하게 정해져 있으면 정리하기도 쉽습니다. 물건을 살 때는 어디다 놓을지를 먼저 생각합니다. 그 덕분에 매일 밤 거실과 주방 정리는 아무리 어질러져 있어도 5분이면 정리 완료입니다.

집안일
아이디어

좋아하는 가구는 정성껏 관리한다

가구는 심플하면서 오래 쓸 수 있는 것을 쓰고 싶습니다. 저희 집에서는 통원목으로 만든 의자와 테이블을 씁니다. 정기적으로 크림을 발라서 닦아서 관리합니다. 지금 제가 쓰고 있는 것은 오야마(尾山)제재의 목공용 밀랍 크림. 천연소재로 만들어 안심이 됩니다. 어린 아이가 있어 청소나 집안일을 할 때 쓰는 것들은 안전하고 몸과 피부에 자극이 없는 것이 기본. 마룻바닥용 왁스도 천연원료로 만든 것을 고릅니다.

Housework Device

❶ 왁스가 필요 없는 1층 마룻바닥은 피지 때 및 손때방지와 제균 및 소취 효과가 있는 알칼리 전해수로 닦아줍니다. 여기에 아로마 오일을 섞어서 쓰는데 요즘 자주 쓰는 것은 무인양품의 레몬&편백나무 블렌딩. 좋은 향 덕분에 기분까지 상쾌해집니다.
❷ 마루는 청소와 왁스칠을 동시에 할 수 있는 아우로(AURO)의 스프레이 타입 왁스를 활용합니다. 원액 그대로 쓸 수 있어 희석할 필요가 없고 스프레이 타입이라 바닥에 바로 뿌릴 수 있어 편리합니다.

Saving

절약

일주일 식단을 정한 후 장을 본다

장보기는 대개 1주일에 한 번. 미리 식단을 짜두면 충동구매 등 낭비를 막을 수 있습니다. 마트에 가는 횟수가 줄면서 쓸데없는 물건을 사는 일도 없어졌습니다. 특히 아이들이 졸라서 어쩔 수 없이 사주는 물건이 줄었어요. 식품 이외에도 충동구매의 유혹을 느낄 땐 곰곰이 생각하는 시간을 가지려고 합니다.

가족과의 시간

자투리 시간을 아이와 함께하는 시간으로

Family Time

많은 시간을 같이 놀아주긴 힘들지만 작은 일이라도 함께 할 때는 놀이처럼 접근합니다. 매일 탕 목욕을 하는데 아이와 함께하는 절호의 찬스입니다. 욕조에 들어가 함께 노래를 부르거나 장난감으로 역할놀이를 하면서 놀아요. 또 드라이어로 머리를 말리는 시간은 그림책을 읽어주는 시간입니다. 좋아하는 그림책을 신이 나서 골라옵니다.
이런 자투리 시간을 이용해 아이와 함께하는 시간을 늘려보세요.

Master of Simple Life

02 / 10

나카야마 아이코 씨

가족 : 아들(12세), 딸(2세), 사는 곳 : 아파트, 프리랜서

【블로그】 **생활의 메모** http ://seikatsunomemo.com

집안일을 쉽게 하면서 쾌적한 생활을 하고 싶어요

짧은 시간에 어떻게 하면 집안일을 빨리 처리할 것인가를 늘 고민합니다. 기분이 내키지 않을 때도, 바쁠 때도, 부지런하지 않아도, 저처럼 집안일을 대충하는 사람이라도 지속할 수 있는 방법을 고민합니다. 또 집안일을 편리하게 도와주는 가전제품을 집에 들여놓기도 합니다.

▶ 시간 단축을 위해 노력하는 부분

저녁을 준비하는 시간. 이 시간이 늦어지면 모든 계획이 어긋나 아이들 취침시간까지 늦어집니다. 우선 물건을 엄선해서 골라 물건 관리에 시간이 많이 걸리지 않도록 합니다. 저희 집 부엌은 좁지만 그만큼 동선을 고민했기 때문에 사용이 편리합니다.

▶ 가계에 관한 생각

앱을 이용하여 대충 파악. 식비와 교제비 등, 전체적으로 예산을 넘기지 않도록 노력합니다. 예산이 넘었을 때는 원인을 분석합니다. 또 아이 명의로 각각 통장을 만들고 매월 일정금액을 저축하고 아동 수당 전액을 입금.

집안일 시간 단축

현관에 가방을 두면 외출 준비가 편해진다

자주 쓰는 가방을 현관에 수납했습니다. 그 자리에서 신발에 맞춰 코디할 수 있기 때문에 외출 준비시간 대폭 단축. 전에는 가방을 바꾸러 붙박이장까지 다시 가야했어요. 귀찮은 마음에 포기했는데, 지금은 신발이든 가방이든 맞춰보며 정한 다음, 바로 출발할 수 있습니다.

Time Reduction

청소

청소 도구는 필요한 곳곳에 배치

힘들이지 않고 집을 깔끔하게 유지하기 위해 고민한 것은 청소 도구 수납입니다. 저희 집은 주방에 무선 청소기가 있습니다. 먹다가 흘린 음식물 처리처럼 청소기를 잠깐 쓰고 싶을 때 이 청소기를 싹 꺼내 사용한 다음 바로 제자리에. 코드식 청소기를 쓸 때는 거실 수납장까지 가지러 가야했기 때문에 결국 더러움을 방치하거나 청소기를 제자리에 놓지 않기도 했어요. 하지만 보관 장소를 바꾼 것만으로 지금은 주방을 깔끔하게 유지하고 있습니다.

Clean-up

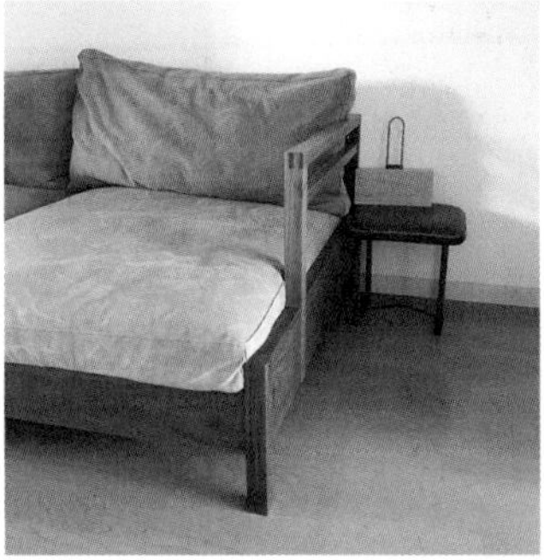

소파 옆에는 청소용 테이프클리너를 두고 머리카락이나 섬유먼지를 바로 제거합니다. 아들 침대 옆에도 놓여있어요. 현관 신발장에는 빗자루를 세팅.

일본식 방에는 큰 가구를 놓지 않았기 때문에 다양하게 활용할 수 있어요. 침실로, 또는 가족모임, 이웃과 교류하는 장소로도 사용합니다.

요리

아주 작은 수고로 요리를 더욱 맛있고 쉽게

제가 애용하는 마늘간장. 간장에 생마늘을 넣는 것뿐이지만 채소볶음이나 볶음우동같은 요리의 간을 할 때 사용하면 맛있어집니다. 여기에 푸른 차조기잎이나 생강을 플러스할 때도 있습니다. 한 달 이상 보관할 수 있으므로 냉장고에 상비해둡니다.
또 쪽파는 한꺼번에 썰어 용기에 담아둡니다. 접은 키친타월을 자른 파 위에 올려놓고 뚜껑을 닫은 다음, 용기를 거꾸로 뒤집어서 냉장 보관. 키친타월이 수분을 흡수해 오래 보관할 수 있습니다. 키친타월이 젖으면 새 것으로 바꿔줍니다.

Cooking

좋은 물건을 사서 오래 쓴다

가구, 냄비, 프라이팬, 식기 등 매일 쓰는 것은 싸다고 그냥 사지 않습니다. '쓰기 편한 것', '잘 망가지지 않는 것', '애착을 가지고 오래 쓸 수 있는 것'을 고릅니다. 소모품으로 생각하고 몇 번씩 바꾸는 것보다 훨씬 절약이 됩니다. 저희 집 냄비는 지오프로덕트에서 구입하여 10년 이상 쓰고 있습니다.

물에 베이킹소다를 넣고 끓인 다음, 몇 시간 후에 문지르면 탄 자국이 깨끗해진다. 프라이팬은 10년간 보증되는 스캔팬(Scanpan). 어느 것이나 1~2만 엔 정도.

같은 모양의 식기를 쓰면 식기세척기에 넣기 쉽다

설거지는 식기세척기를 이용합니다. 식기는 대부분 이딸라의 띠마. 오븐, 전자레인지, 식기세척기에서 사용할 수 있고 잘 깨지지 않는 것은 물론, 인기제품이라서 계속 생산되기 때문에 깨졌을 때 다시 채워 넣기 편합니다. 같은 종류, 같은 모양의 식기를 갖추면 식기세척기에 넣는 것도 쉽습니다. 밥은 시리얼 볼에, 덮밥류는 21cm볼에, 머그컵도 이딸라. 그리고 국그릇은 식기세척기 사용이 가능한 옻칠한 나무 그릇을 씁니다.

식기 수납은 싱크대 아래쪽에. 식기세척기에서 빠른 수납이 가능. 모양이 같으면 겹쳐서 수납할 수 있어 편리합니다.

친환경 세제를 벌꿀용기에 옮겨 담아서 사용합니다. 열고 닫는 것이 귀찮기 때문에 뚜껑은 사용하지 않습니다. 세제에 습기가 차지 않도록 안에는 'soil'이라는 천연건조제를 넣었습니다.

손 설거지용 주방세제는 친환경 다용도 농축세제를 씁니다. 투명용기에 옮겨 담아 세탁과 청소, 세안, 목욕 등 모든 곳에서 사용합니다. 오른쪽부터 목욕탕, 주방, 세안용입니다.

집안일
시간 단축

화장실

수건을 없애면
세탁 수고를 줄일 수 있다

화장실에서 손을 씻으면 물이 튀어서 주위가 지저분해지기 쉬워요. 그래서 손은 세면대에서만 씻는 것으로 정했어요. 수건을 걸어둘 필요가 없으니 교환하고 청소하는 수고가 줄어듭니다. 바닥청소도 쉬워지고 매트도 둘 필요가 없습니다. 변기솔은 100엔 샵에서 구입하여 정기적으로 교환. 화장실은 심플할수록 청소도 쉽습니다. 심플하면 청결을 유지하기 쉬워져요.

Time Reduction

세면대

세안 후 스킨케어는
심플하게 하나로

스킨케어는 저자극 화장수만 바릅니다. 예전에는 고가의 화장품을 종류별로 많이 사용했는데 3년 전에 이것으로 바꿨습니다. 처음 얼마간은 건조한 느낌이 들었지만 조금씩 피부가 스스로 촉촉해지는 힘을 되찾았습니다. 지금은 촉촉한 피부를 유지하고 있습니다. 뚜껑을 빼버리고 무인양품의 분무기 헤드로 갈아 끼웠습니다. 시간이 단축되고 세면대도 전보다 깔끔해졌어요.

아이방

아이 스스로 정리하는 시스템 만들기

아이가 사용하기 쉽도록 수납 시스템을 만들고 가능한 스스로 할 수 있는 방법을 연구했습니다. 이때도 동선을 의식. 딸의 어린이집 용품은 현관에서 세면대로 가는 복도에 걸어두었습니다. 키에 맞게 낮게 설치. 얇은 압정 몇 개로 설치할 수 있어 아파트에도 부담 없이 달 수 있고 성장하면 높이를 바꿔달 수 있어 편리합니다.

❶ 가족 모두가 사용하는 문구류와 건전지, 잡화는 수납함에 모아서 보관. 이케아 검정색 상자에 넣고 이름표에 내용물을 기재. 세세하게 분류하면 누구라도 바로 꺼낼 수 있습니다. 수납은 '찾기 쉽고, 꺼내기 쉽고, 넣기 쉽게'하는 것이 저의 목표입니다. ❷ 거실과 아들 방에 따로따로 수납했던 장난감과 그림책을 붙박이장에 모두 모아두기로 했습니다. 모든 것을 한 장소에서 끝낼 수 있어 '꺼내고 놀고 정리하는 것'이 훨씬 수월해졌어요.

Master of Simple Life

03 / 10

kozue._.pic 씨

가족 : 남편, 사는 곳 : 사택, 파트타이머(주 2~3일)

【인스타그램】 **kozue._.pic** https://www.instagram.com/kozue._.pic/

집안일은 즐겁고 편하게
요리는 최대한 간단하고 맛있게!

청소는 약간이라도 더러워진 곳을 그때그때 치우는 것이 가장 좋습니다.
하지만 요리는 사전 준비가 얼마나 되어있는지가 중요. 밑준비가 큰 시간 단축으로 이어집니다.
아직 배워야할 것이 많지만 최대한 간단하면서 맛있는 요리를 만들고 싶습니다.

▶ 정리방침

우선 각 물건의 수납 장소를 정하는 것이 가장 중요합니다. 이렇게 제자리를 정해두면 쓰고 그 자리에 되돌려 놓는 작업만 남기 때문에 어질러지지 않습니다. '문을 열었으면 닫는다'처럼 '물건을 썼으면 제자리에 돌려놓는다'를 명심하고 있습니다.

▶ 돈을 써도 좋은 곳

가장 중요한 것은 건강, 그 다음이 돈입니다. 꼭 필요한 물건은 의외로 많지 않습니다. 많은 물건이 사치품이지요. 가장 큰 쇼핑이라 할 수 있는 주택 구입이나 가구처럼 목돈이 나가는 쇼핑은 타이밍을 잘 생각합니다. 또 여행이나 특별한 날에는 너무 아끼지 않고 기분좋게 돈을 쓰려고 합니다.

집안일 시간 단축

빨지 않아도 되는 일회용 위생 행주

행주는 삶아서 소독해야 하고 하루만 둬도 잡균이 번식해 이상한 냄새가 납니다. 그래서 일회용 위생행주를 쓰기 시작했습니다. 키친타월보다 두껍고 행주보다는 얇고, 크기도 일반 걸레보다 작기 때문에 일회용으로 좋아요. 집안 청소에도 사용할 수 있으므로 정말 손에서 떼려야 뗄 수 없이 유용합니다.

주방

프라이팬 기름때는 세스퀴탄산소다수

세스퀴탄산소다수는 기름을 분해하는 힘이 뛰어나 프라이팬을 닦을 때 사용합니다. 조리 후, 온기가 남아있을 때 주방용 스크래퍼로 대충 오염을 제거하고 여러 번 뿌립니다. 남은 기름은 키친타월로 닦아냅니다. 여러 번 헹구는 수고를 덜 수 있고 세제도 절약됩니다.

냄비나 식기를 설거지할 때도 세스퀴탄산소다수를 활용. 일반 설거지라도 세스퀴탄산소다수를 뿌린 다음 닦으면 금세 깨끗해져 이중으로 닦을 필요가 없습니다.

Time Reduction

주방

냉장고 속은 트레이 수납으로 닦기 쉽게

식재료는 분류해서 정리용 트레이에 수납. 청소할 때는 트레이를 꺼내면 되니까 편리합니다. 트레이는 무인양품에서 구매. 반투명이라 내용물이 잘 보이고 우리 집 냉장고 사이즈에 딱 맞습니다. 냉장고 수납뿐만 아니라 다른 용도로 쓸 수 있다는 점도 마음에 듭니다. 친환경 소독제인 파스토리제로 닦아줍니다.

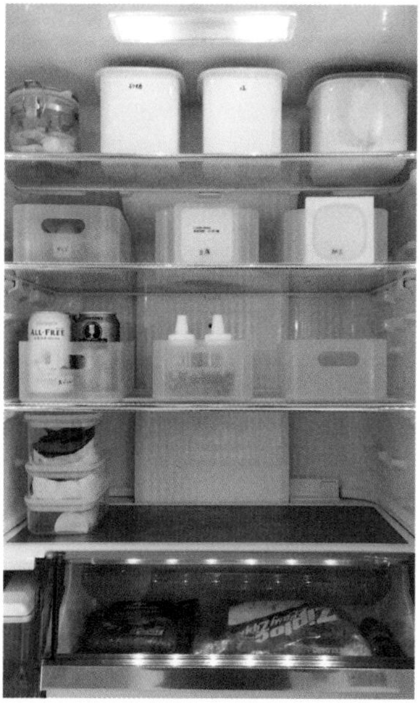

세탁

베개커버 세탁할 때
베개는 그늘에서 말린다

저희 집 베개는 저반발성 깃털베개라서 통째로 세탁 불가. 그래서 일주일에 한번 베개커버를 세탁할 때 베개 본체도 반드시 그늘에서 말립니다. 집에 있는 옷걸이에 베개 양끝을 끼운 다음 걸어놓으면 끝. 베개전용 걸이를 살 수도 있지만 대용할 방법을 고민하는 것은 무척 중요합니다. 이것만으로도 물건을 늘리지 않는 삶을 유지할 수 있습니다.

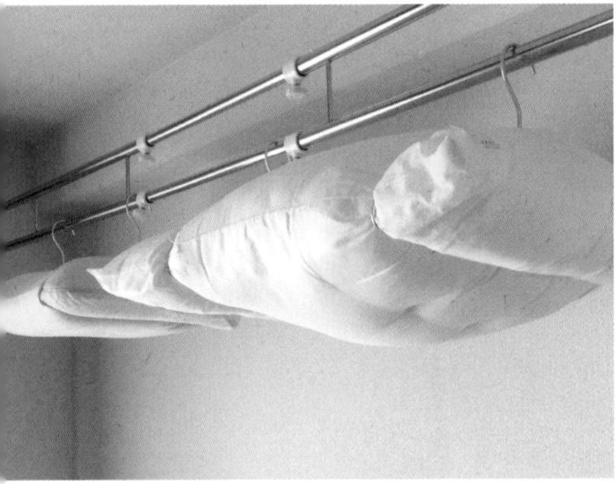

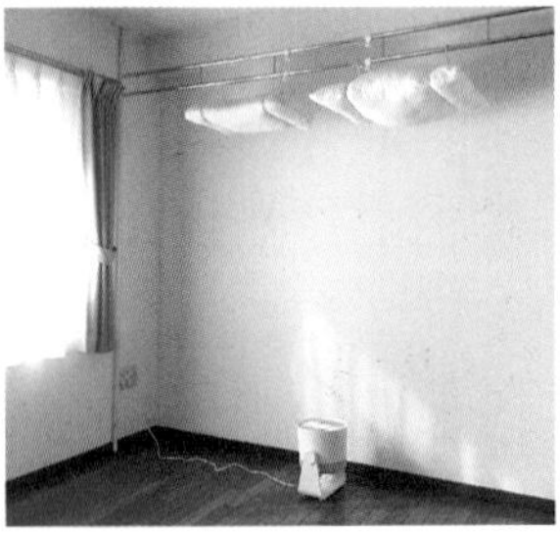

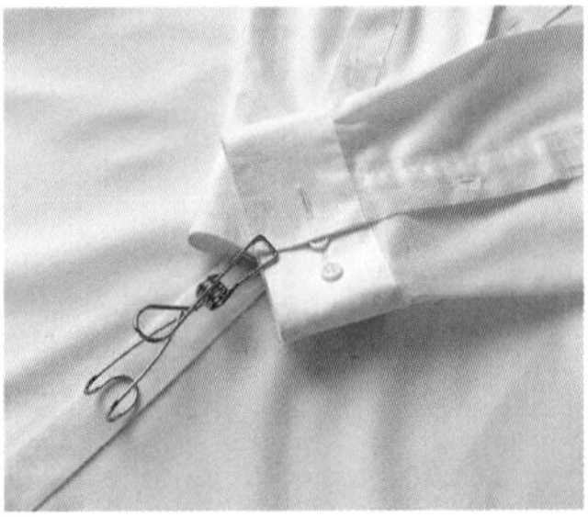

다림질한 와이셔츠 소매는 무인양품의 '스테인리스 후크 집게'로 양 소매 끝을 고정합니다. 그대로 걸어두면 꺼낼 때 소매가 구겨져 버리지만 이렇게 고정시켜두면 다린 상태 그대로 보관할 수 있어요. 걸 수 있는 클립은 셔츠를 입은 후 빈 옷걸이에 걸어두기 편하답니다.

보틀넥 스웨터를 말릴 때는 아이용 옷걸이를 사용합니다. 일반 옷걸이보다 폭이 좁아서 목 쪽으로 넣고 뺄 수 있기 때문에 널기 편하답니다.

Time Reduction

세면대

화장실 선반 대신 집게 활용

화장실에는 최소한의 물건만 놓기로 결정. 그런데 너무 높은 선반이 문제였습니다. 매번 발판을 사는 것도 번거롭구요. 그래서 무인양품의 주방용 집게를 활용하니 완전 편리. 두루마리 휴지를 집어서 꺼낼 수 있고 사용한 후엔 걸어둘 수 있으니 보기에도 깔끔합니다.

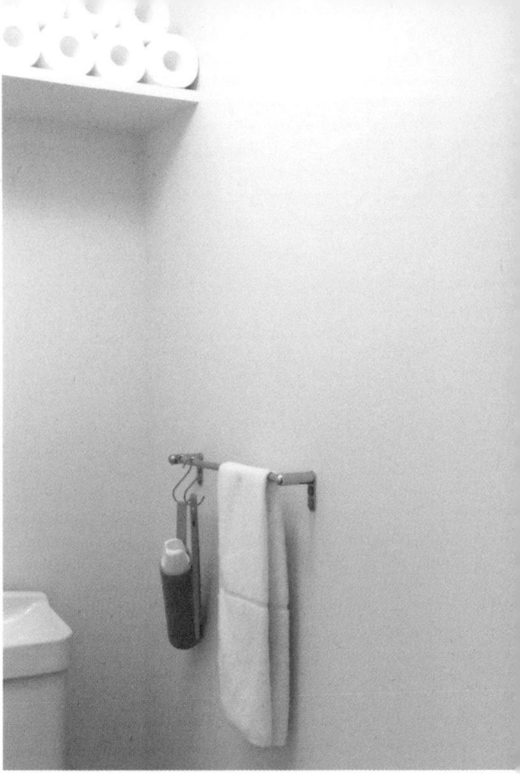

집게 옆에는 소취 스프레이를 페트병 홀더에 넣어서 걸어두었어요. 쓸모없는 물건이었는데 사이즈가 스프레이에 딱 맞는데다가 스프레이의 상품명도 감춰져서 훨씬 세련되게 보입니다. 버리기 전에 다른 방법으로 쓸 수 있는지 다방면으로 생각해봐야겠어요.

거실

TV 장식장은 청소기가 들어갈 공간만큼 떼어둔다

TV 장식장 뒤는 특히 먼지가 쌓이기 쉬운 장소. 청소하기 편하게 청소기가 딱 들어갈 만큼의 폭을 벽에서 떨어뜨려놓았습니다. 마찬가지로 커튼도 거실 바닥 위로 10cm를 떼어놓아 청소기에 닿지 않도록. 그 외에 가구도 가능한 다리가 달린 것을 선택하여 청소기를 돌리기 편한 공간을 만듭니다.

Master of Simple Life

04 / 10

yumi 씨

가족 : 남편, 딸(13세), 아들(10세, 4세), 사는 곳 : 단독주택, 파트타이머(주3회)

【인스타그램】 **yumimoo65** https : //www.instagram.com/yumimoo65/

집안일은 즐길 수 있는 범위만큼만
그 시간을 줄여 좋아하는 일에 씁니다

집안일이라면 무엇이든 좋아하지만 요령이 있는 편은 아니라서 일이 금방 산더미처럼 쌓입니다. 하지만 귀찮은 의무가 아니라 내가 하고 싶어서 한다는 것을 언제나 생각합니다. 특히 주방은 내방처럼 사랑스러운 장소. 요리만큼 쓸고 닦는 일도 중요하게 생각합니다.

▶ 정리 방침

완벽하지 않아도 '가족이 알아보기 쉬울 것', '바로 꺼낼 수 있고 다시 넣기 편할 것'이 가장 중요한 방침입니다. 수납은 모두가 사용하기 편하고 보기에 좋다면 OK. 남편의 서재와 아이 방은 제 마음대로 건드리지 않고 각자의 의견을 존중합니다.

▶ 시간 단축을 위해 노력하는 부분

출근 전날을 '도움닫기의 날'로 이름붙이고 자질구레한 준비를 합니다. 도시락 반찬과 저녁식사 밑준비, 밑반찬 만들기, 세제류 보충 등 바쁠 때 하려면 번거로운 일을 전부 끝내두는 것이지요. 마치 내일의 나를 돕는다는 느낌입니다.

집안일 시간 단축

자질구레한 집안일은 텔레비전을 보면서

빨래개기, 바느질, 다림질, 아이 옷에 이름쓰기 등 앉아서 할 수 있는 집안일은 텔레비전을 보면서 합니다. 보고 싶은 프로그램을 이 시간에 보는 것이지요. 이렇게 하면 집안일을 즐겁게 할 수 있습니다. 저는 자질구레한 일들을 즐기는 스타일인데 일하는 시간이 더욱 좋아졌어요.

Time Reduction

청소

청소는 생각났을 때 바로 하기

신경 쓰이는 곳의 청소는 일단 시작해보면 5분도 걸리지 않는 경우가 많아요. '시간이 나면', '다음 쉬는 날에', 이렇게 미루다보면 가슴이 답답해집니다. 그래서 '커피물이 다 끓을 때까지', '세탁기가 멈추기 몇 분 전' 등 자투리 시간에 이런 곳을 청소합니다. 신경쓰이던 장소가 깨끗해지면 그곳을 지날 때마다 기분이 좋아져요.

Clean-up

세면대와 변기는 매일 정해진 시간에 청소

매일 아침 가족들이 나가면 반드시 세면대 청소를 합니다. 스펀지에 핸드워시를 2번 짠 다음, 세면대과 수도꼭지를 닦습니다. 변기 청소는 매일 구연산수를 뿌리고 한번 싹 닦아줍니다. 1분도 걸리지 않지요. 이런 작은 습관 덕분에 언제 누가 사용하든 안심입니다.

세면대를 청소했으면 쓰던 수건으로 닦아 물기를 제거하고 새 수건으로 교환. 화장실은 매일 정돈하고 일주일에 한번은 정성껏 청소. 구연산수는 변하기 쉬우므로 소량만 만들어서 3~5일 안에 모두 사용합니다.

요리

출근 전날은 '도움닫기의 날' 요리 밑준비를 해둔다

시간이 있을 때 요리의 밑준비를 해둡니다. '퇴근하고 돌아와서 칼을 쓸 필요없이 저녁 준비를 끝내는' 것이 기준입니다. 특히 편리한 것은 쯔미레(완자). 양념만 바꾸면 우동이나 찌개 건더기, 배추롤 등 여러 요리에 응용할 수 있어 질리지 않습니다. 내일 도시락 반찬을 뭘 싸야할지 고민될 때도 편리.

Cooking

❶ 동그랑땡과 비슷한 쯔미레는 프라이팬에 구워서 도시락 반찬으로도 씁니다. ❷ 어린아이들이 있기 때문에 본격적인 육수를 내기가 어렵습니다. 그래서 간단한 육수팩을 만들어서 사용합니다. 도움닫기의 날에 넉넉하게 만들어두면 다음날 요리가 편해집니다.

❸ 계절을 느낄 수 있는 주방일은 너무나 좋아하는 작업 중에 하나. 처음 집에서 수확한 팥으로 올해는 팥소를 만들었습니다. ❹ 본가에서 딴 매실에 설탕을 넣고 매실청을 만들었습니다. 다음엔 매실주를 만들어보고 싶어요.

집안일
시간 단축

집안일이 쉬워지는
편리한 신문지 활용법

신문지는 다양한 용도로 쓰입니다. 음식물 쓰레기나 기저귀를 싸서 버리거나 리필을 채워 넣을 때 아래에 까는 등 여러모로 편해요. 평소 특히 빵을 만들 때 사용하면 뒤처리가 훨씬 편해지는데 이것은 어릴 때부터의 습관입니다. 한 장씩 접어서 싱크대 밑에 둡니다. 문진을 사용하면 깔끔하게 접힙니다.

❶ 도움닫기의 날에 세제보충. 밑에 신문지를 깔아두면 흘러도 안심. ❷ 빵 만들기. 사실은 이런 상태로 하고 있습니다. 가루가 떨어져도 달걀이 튀겨도 괜찮아요. 튀김을 할 때도 프라이팬 주변에 신문지를 펴놓습니다.

Time Reduction

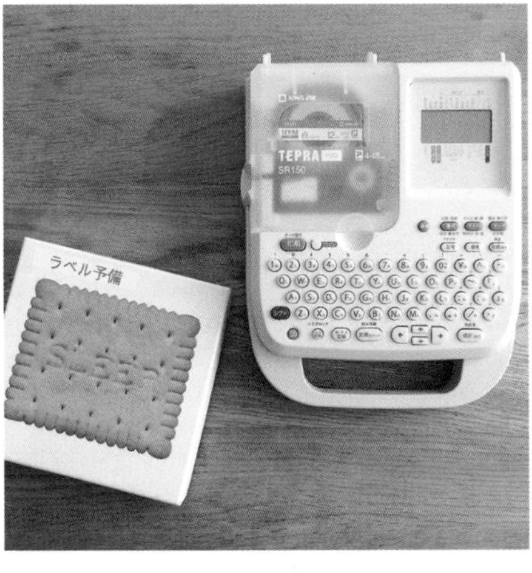

수납용 라벨을 만들 때는
아이들의 이름 라벨도 함께

의류 수납과 조미료 정리에 사용하는 라벨을 만들 땐 라벨프린터를 사용합니다. 라벨프린터를 꺼낸 김에 아이들의 이름 라벨도 여러 장 뽑아둡니다. 보관은 준비물 상자에. 약을 정리할 때 이름 라벨이 있으면 편리합니다. 개인적으로는 흰색바탕에 회색글씨가 우아해보여서 좋습니다.

가계 관리 *Family Budget*

봉투 나누기로 관리하고 특별지출용 봉투 만들기

월급이 들어왔을 때 미리 정해둔 예산으로 봉투에 나눠넣고 관리. 의외로 좋았던 것은 전기제품용 적립입니다. 어느 날 갑자기 망가지는 일도 있고 생활 필수품도 많기 때문에 만일의 경우에 믿음직한 존재. 여행 적립, 차량 관련 적립도 하고 있어요. 매월 남은 것은 다음 달로 이월. 1엔 단위까지는 생각하지 않고 영수증도 보관하지 않습니다.

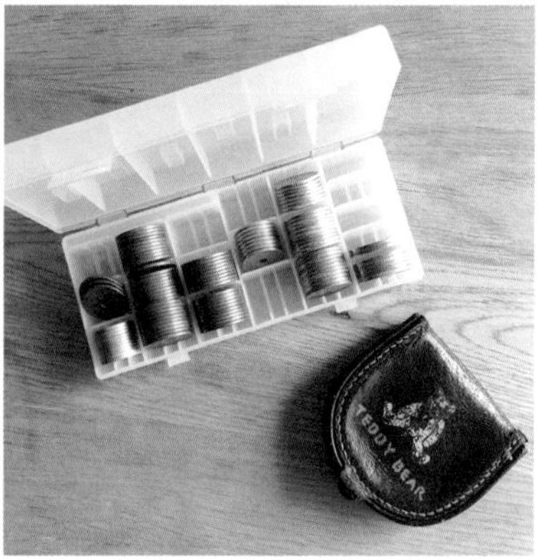

매달 한 번 은행에 가서 잔돈을 바꿔놓는다

어린이집 사진비, 초등학교 학급비처럼 잔돈이 필요한 경우가 많이 있습니다. 한 달에 한 번, 은행에 갈 때 잔돈을 바꿔놓으면 '잔돈이 없어서 지폐를 헐고' → '깜빡 잊어버린다'를 막을 수 있습니다. 천 엔 지폐도 똑같이 바꿔둡니다. 큰딸이 친구 집에 놀러갈 때 사용할 버스비도 여기에서 꺼내씁니다.

1

2

❶ 친구가 하던 오십엔 동전 적금. 결혼기념일에 부부가 1년 동안 모은 오십엔 동전으로 커플 그릇을 사는 등 이벤트가 재미있어 보여 우리도 시작하기로 결정. 쇼핑을 하고 받은 잔돈에 50엔 동전이 있으면 괜히 신이 납니다. ❷ 아이들의 간식비는 3명분을 합해서 월 2000엔. 가능한 집에서 만든 간식을 먹이려고 하지만 시판 과자도 역시 좋아합니다. 슈퍼에 간 큰딸과 큰아들이 상의해서 '할인하는 것', '막내동생도 먹을 수 있는 것' 등을 고민하면서 구매합니다.

가족과의
시간

부부의 시간은 매일 아침 커피타임

매일 아침, 남편과 함께 커피를 마십니다. 커피를 마시면서 소소한 이야기도 나누고 중요한 일들을 결정합니다. 5분이든 10분이든 이 시간 덕분에 매일 새로운 힘을 얻습니다. 휴일에는 점심에도 함께 커피. 숨가쁘게 달려온 일주일을 마무리하면서 느긋하게 함께 마시는 커피는 행복입니다.

Family Time

빵과 과자를 굽는 시간은 나의 힐링 타임

가장 좋아하는 시간을 고르라면 역시 빵이나 과자를 만드는 시간. 아무리 바쁘더라도 이 시간을 위해 짬을 냅니다. 재료가 간단하고 볼록하게 부풀어 오르는 과자나 빵을 좋아합니다. 특히 시폰케이크는 레시피를 보지 않고도 만들 수 있답니다.

Master of Simple Life

05 / 10

하 씨

가족 : 남편, 딸(7세 쌍둥이), 사는 곳 : 단독주택, 파트타임

【인스타그램】 **thsy.ha** https://www.instagram.com/thsy.ha

집안일은 시간 단축이 기본
편리한 가전제품은 꼭 사용해봅니다

집안일에는 가능한 게으름을 피우고 싶습니다.
보다 간단하게, 보다 편하게, 보다 쾌적하게.
특히 청소에 많은 시간을 쓰고 싶지 않습니다.
성공하면 바로 구입, 실패하면 연구해서 재도전.
시간 단축을 위한 가전제품도 많이 구입합니다.

▶ 정리방침

가족 각자에게 부담이 되지 않으면서 정리가 쉽도록 할 것. 수납과 정리법을 개선할 때는 반드시 가족들의 의견을 듣고 결정합니다. 지나친 노력은 금물. 하고 싶지 않을 때는 '뭐, 이정도면 됐어'라고 포기합니다.

▶ 가계에 관한 생각

가계부를 오픈해서 남편도 절약을 의식하도록 합니다. 딸들도 쇼핑하기 전에 간식 상자를 확인하도록 하고 '있으면 사지 않는 거야'라고 교육을 시킵니다.

청소

행주 대신 일회용품 활용

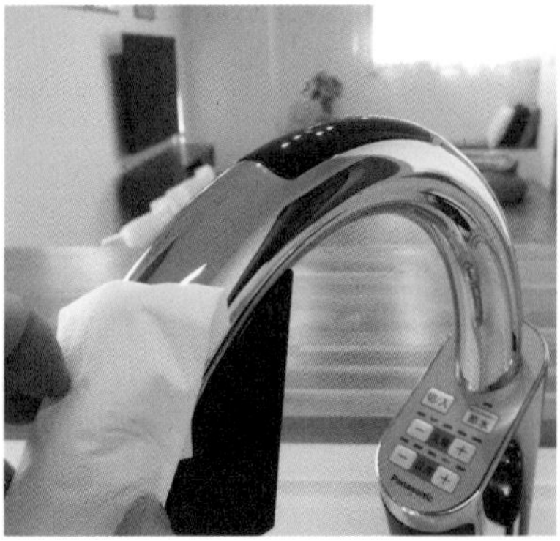

더러워지기 쉬운 주방 청소는 행주를 쓰지 않고 키친타월, 티슈, 물티슈로 대용합니다. 빠는 번거로움, 표백이나 소독을 할 필요도 없기 때문에 정말 편합니다. 조금 정성껏 청소를 하고 싶을 때는 얇은 걸레를 자그마하게 잘라 사용하고 버립니다. 수도꼭지 청소도 티슈만으로 충분히 반짝반짝해집니다.

현관에는 관리가 쉬운 인테리어용 인조 나무

현관 청소는 생각났을 때 비질을 하는 정도. 하지만 비가 갠 뒤에는 습기 덕분에 먼지가 날리지 않으므로 할 일이 많아집니다. 거실에서는 관엽식물을 키우지만 현관에는 진짜처럼 보이는 인조 나무를 놓는 것이 편합니다. 화분도 더러워지지 않기 때문에 잎사귀의 먼지를 닦는 정도만 신경을 쓰면 됩니다.

Clean-up

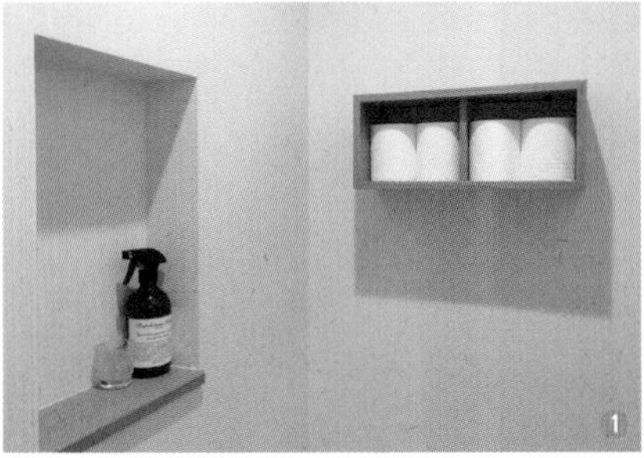

❶ 소품이나 잡화 등 인테리어를 중시했던 화장실. 청소에 중점을 둔 이후로는 계절 장식품을 한 개 정도만 놓고 일회용 비닐장갑을 끼고 적당히 스프레이 한 다음, 화장실용 휴지로 싹 닦아내기만 하면 청소 끝. ❷ 선반을 치우고 샴푸통 등은 수건걸이 위에 올려두었습니다. 청소용품은 샤워기물이 튀지 않는 위치에 자석 고리를 이용하여 매달아 보관. ❸ 시부모님이 선물해주신 로봇청소기 룸바. 외출할 때 버튼을 눌러주면 끝! 청소기를 돌리는 시간에 다른 일을 할 수 있어요.

요리

일주일 식단을 정한 후 장보기 & 조리

매일 저녁메뉴를 생각해야 하는 것은 의외로 힘든 일입니다. 일정에 맞게 5일에서 일주일간의 메뉴를 정한 다음, 식단노트에 3개 정도를 대충 적어둡니다. 나머지는 남은 것이나 간단하게 만들 수 있는 하나만 더하면 끝. '오늘은 뭘 해먹지?'라고 고민할 필요가 없어 마음 편하고 홀가분합니다. 목록에 따라 살 것을 정한 다음 마트로 출발. 아무리 싸게 팔아도 필요하지 않은 것은 사지 않습니다. 저가 할인점에도 가지 않으려고 합니다. 저가할인점이나 특가상품은 의외로 낭비인 경우가 많습니다.

❶ 메뉴는 제철식품이면서 맛있는 것을 싸게 살 수 있는 식재료로 고려. ❷ 채소와 버섯류는 요리하기 편한 크기로 잘라서 냉동. 냉동하면 맛이 더 잘 배는 무도 된장국용 등으로 자른 다음, 식품보관용 비닐 백에 담아 냉동합니다.

Cooking

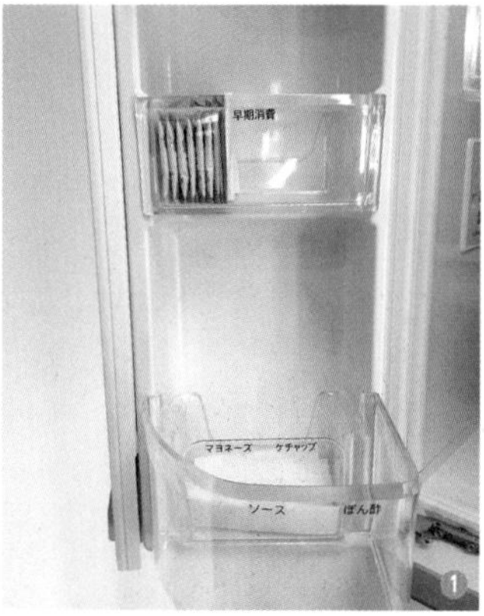

❶ 늘 필요한 것은 냉장고에 자리를 정해놓고 라벨링. '빨리 먹어야 할 것' 코너를 만들고 먼저 사용할 것을 넣어둡니다. ❷ 채소실에는 쌀, 가루류, 기름도 들어있습니다. 전에는 쌀통에 담아 싱크대 아래 두었지만 지금은 식품보관용기로 바로 옮겨 담고 냉장보관.

집안일
시간 단축

먼지 쌓이기 쉬운 곳에는 신문지를 덮어둔다

냉장고나 선반 위 등 눈에 보이지 않고 물건을 놓지 않는 곳은 먼지가 쌓이기 쉽습니다. 그런 곳에 신문지를 깔아둡니다. 정기적으로 신문지만 교체하면 되므로 아주 편해요. 이외에도 휴지통 속, 냉장고 채소실, 신발장 등에도 신문지를 깔아둡니다. 오염 방지와 함께 탈취에도 효과적. 장소에 따라 신문지가 아닌 랩을 깔기도 합니다. 청소를 안 하면 더러워지는 것이 당연합니다. 하지만 청소를 하기 전에 먼저 '청소를 편하게 할 수 있는 방법', '청소할 때 수고를 줄이는 방법'을 생각합니다.

Time Reduction

저희 집에서는 텔레비전 등의 리모컨 자리에도 라벨을 붙여둡니다. 물건에 제자리를 정해두면 '어디에 넣었더라?'라고 고민할 시간을 줄일 수 있고 몸이 저절로 반응하게 됩니다. 라벨을 붙여두면 정리할 때에는 반드시 제자리에 놓게 됩니다.

휴지통은 주방 뒷면에 있는 2개와, 남편 방에 있는 작은 것 1개뿐입니다. 휴지통이 적은 것만으로 집안일이 줄었습니다.

집안일
시간 단축

집안 곳곳에 둔 물티슈로 부담 없이 청소

신경 쓰이는 곳을 싹 닦고 버릴 수 있는 물티슈. 행주나 걸레처럼 세탁, 표백과 소독할 필요없어 정말 편리하고 홀가분합니다. 원통형 나무상자에 넣어서 식탁 위에, 흰색 법랑케이스에 담아 싱크대 아래에 수납합니다. 또 현관과 옷장 안에도 놓여있습니다.

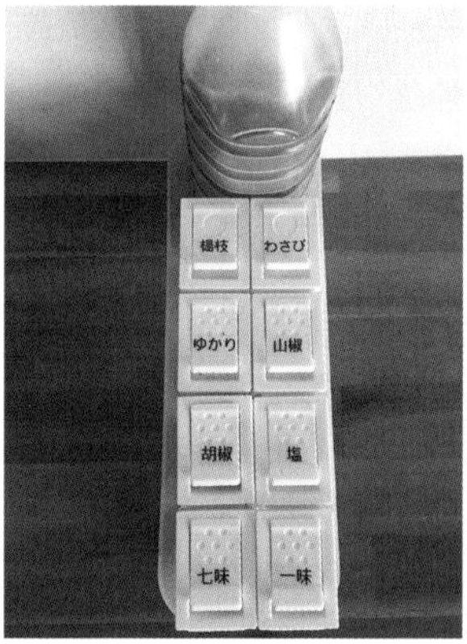

Time Reduction

식사 준비하는 시간을 줄여주는 세트

카운터의 수납장에 넣어둔 양념통 세트. 식사 전에 전부를 꺼내 놓습니다. 이쑤시개는 과일을 먹을 때 편리합니다. 평소에 쓰는 커트러리와 컵도 카운터 위에 상비. 젓가락은 조리 중에 쓰는 일이 많으므로 주방과 다이닝, 어느 쪽에서든 집을 수 있게 배치했습니다. 아이들에게 부탁할 때도 편리해요.

가계 관리

광열비는 표로 만든다

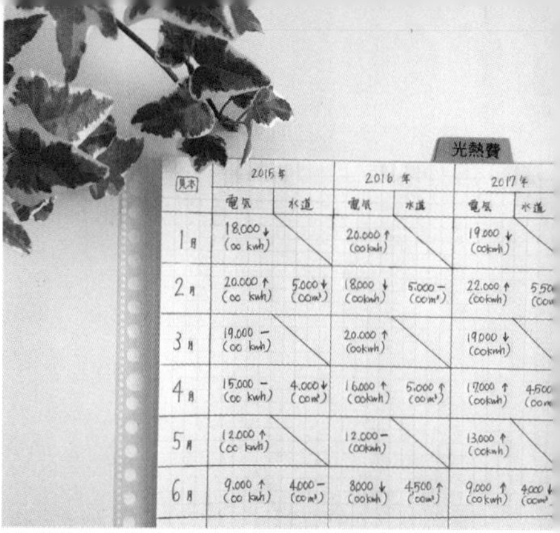

광열비는 노트에 표로 그려서 적어둡니다. 작년과 비교하기 쉬워 좋아요. 늘었다고 해서 냉온방을 너무 아끼다가 몸이 안 좋아지면 의미가 없으므로 지나친 절약은 금물. 하지만 빈방에 불을 켜놓지 않는 등 광열비를 최대한 줄이려고 노력합니다.

Family Budget

Family Time

가족과의 시간

나만의 시간도 가족과의 시간도 소중

남편이 외출한 밤에는 아이들을 일찍 재우고 나만의 시간을 즐깁니다. 인스타그램을 하거나 인터넷서핑, 독서 등 아이들이 있을 땐 여간해서 하기 어려운 일을 합니다. 이때 숨겨놓았던 어른용 과자를 먹는 것은 비밀! 일이 바쁠 때는 휴일에도 출근을 하는 남편. 그때는 아이들과 셋이서 시간을 보냅니다. 날이 좋으면 공원에 나가고 비가 오는 날엔 인형놀이를 하지요. 부부의 시간은 아이들을 재우고 난 이후입니다. 함께 텔레비전을 보기도 하고 가계부를 보면서 대화를 나눕니다. 특별한 것은 없지만 그 시간이 너무나 좋습니다. 가끔은 아이들을 맡기고 남편과 데이트를 합니다.

Master of Storage

06 / 10

yumi.spring 씨

가족 : 남편, 아들(12세), 사는 곳 : 단독주택, 파트타이머(주 5일)

【인스타그램】 **spring2520** https://www.instagram.com/spring2520/

집안일을 하루, 주 단위로 계획하면 몸이 저절로 움직입니다

매일 해야만 하는 일은 시간표를 만들어서 습관화하고
몸이 저절로 움직일 수 있는 방법을 연구합니다.
특히 출근 전, 아침 3시간을 의미있게 사용하면 하루가 편안하게 흘러갑니다.
앞으로 월 단위, 연 단위로 좀 더 긴 기간을 생각해서
집안일을 효율적으로 하고 싶습니다.

▶ 시간을 쓰고 싶은 곳

저녁식사 시간. 특히 주말에는 천천히 식사를 합니다. 반대로 시간을 쓰고 싶지 않은 것은 쇼핑에 들어가는 수고와 시간. 일용품 등 정기적으로 사는 것은 사용량과 구입 회수를 조사해서 잊어버리지 않고 고민하지 않고 구입할 수 있도록 패턴화를 진행하고 있는 중입니다.

▶ 가계에 관한 생각

미래뿐 아니라 현재를 소중하게 만들 수 있는 예산을 세우고 있습니다. 가족 여행이나 맛집 방문, 자연이나 예술과 호흡하는 일, 사람과 인연을 소중하게 생각하며 선물을 사는 일, 이런 즐거움에는 돈을 써도 괜찮다고 생각합니다.

집안일 시간 단축

평소에 사용하는 가방은 식탁 옆 보관함에

매일 쓰는 가방은 식탁 옆에 있는 라탄바구니에 넣어둡니다. 전에는 제자리가 정해져 있지 않아서 보기에도 어수선하고 청소할 때도 방해가 되었습니다. 2~3년 전부터 제자리를 정하고 남편에게도 집에 돌아오면 가방을 이곳에 넣어달라고 부탁. 작은 행동부터 실천하도록 격려하며 부담을 주지 않는 것이 중요합니다.

Time Reduction

청소

소모성 청소용품은 오래 쓸 수 있는 것으로

주방 스펀지는 더스킨(DUSKIN)에서 구입. 무척 튼튼해서 한 달 정도 사용할 수 있습니다. 월초에 교환하면 연간 12개, 약 2200엔입니다. 주방 행주는 일회용 위생 행주를 애용. 일주일에 한번 교환하고 낡은 것은 마룻바닥을 닦은 다음 버립니다. 일회용이라 소독을 하거나 관리하는 일이 필요없어 편리합니다.

Clean-up

세면대 & 화장실 청소 도구는 손이 닿기 쉬운 곳에

화장실에 있는 바구니에는 청소 시트와 소취 스프레이를 넣어둡니다. 선반 위에 아무 것도 올려놓고 싶지 않지만 매일하는 청소를 편하게 하려면 손에 잡기 편하게 놓는 것이 최우선. 세면대 청소용 극세사 걸레와 아크릴 수세미는 세면대 옆 공간에 짧은 압축봉을 설치하고 클립으로 매달아둡니다. 잘 말라서 청소하고 싶을 때 바로 시작할 수 있습니다.

집안일
시간 단축

아침에 할 일은 시간 배분표로 만들어 붙여서 '시각화'

아침

가장 눈에 잘 띄는 냉장고 옆에 출근 전까지 끝내고 싶은 아침 집안일을 시간 배분표로 만들어 붙여둡니다. 처음에는 여러 번 확인하면서 일했지만 점점 습관화되어 생각하지 않아도 몸이 움직이게 되어 편해졌습니다. 대개 20분 단위로 나눠져 있어 다소 순서가 바뀌어도 '◌시까지 이 일을 끝내면 OK'라고 머릿속에서 퍼즐을 맞추며 일합니다. 쓰레기봉투 내놓는 날 등 요일별로 정해진 일정과 저녁 이후의 시간 배분도 대충 적어둡니다.

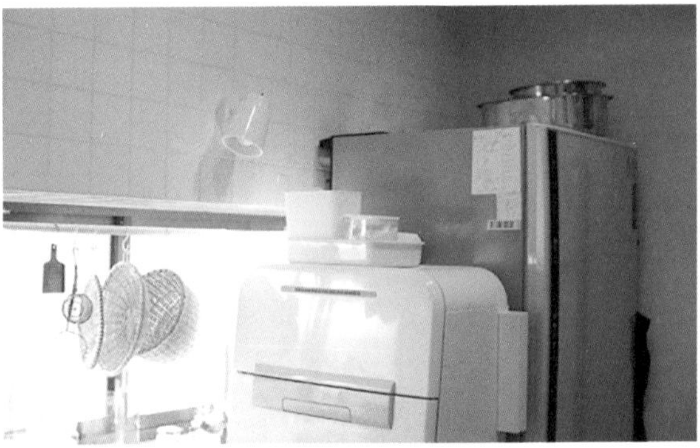

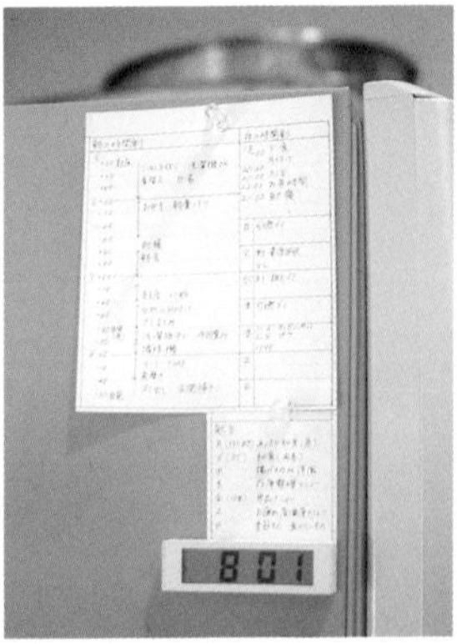

전에는 주방 안쪽에 있는 화이트보드에 붙여놓았는데 보기 힘들어서 이동.
냉장고 옆은 아침식사나 도시락을 준비하면서 틈틈이 볼 수 있어 편리합니다.
역시 잘 보이는 위치에 붙이는 것이 중요한 것 같습니다.
작은 디지털시계는 무인양품에서 구입.

Time Reduction

매일 아침에 하는 집안일이 일단락되고 출근하기 전에는 식탁과 주방카운터, 조리대 위를 정돈. 최대한 아무것도 올려놓지 않는 상태로 만든 후 출근합니다. 이렇게 해두면 퇴근하고 집에 돌아왔을 때 차원이 다른 기쁨을 느낄 수 있습니다.

세탁

말리기 전에 분류해서 흐름이 끊기지 않도록

세탁물은 세탁기에서 스탁스토(stacksto) 바구니로 옮겨 담은 후, 식탁 위에서 간단하게 갰다가 널어줍니다. 전에는 널기 전에 한번 개는 일이 귀찮다고 생각했지만 몇 분의 시간만으로 주름이 펴지고 너는 작업이 빨라집니다. 이때 집게 행거에 널 것은 왼쪽, 건조대에 널 것은 오른쪽에 대충 분류. 운동 삼아 바닥에 둔 바구니에서 빨래를 꺼내면서 스쿼트를 합니다.

분류가 끝났으면 툇마루에서 옷걸이에 건 다음, 우드데크에 넙니다. 물 흐르듯 진행되는 작업으로 불필요한 움직임 없이 이루어집니다. 실내 건조를 할 때도 툇마루에서. 접이식 건조대를 사용하고 있습니다.

주방

빨리 만드는 맛있는 압력솥밥

아침에 가장 먼저 하는 집안일은 도시락용 밥을 짓는 것. 헤이와의 압력냄비를 쓰고 있습니다. 전기밥솥은 2년쯤 전에 처분했습니다. 추를 똑바로 세워서 중불에 올렸다가 칙칙 소리를 내면서 추가 울리면 30초쯤 후에 가장 약불로 줄여서 9분. 뚜껑을 열 수 있을 때까지 그대로 두고 뜸을 들입니다. 단시간에 윤기가 좔좔 흐르는 찰진 밥이 완성됩니다.

집안일
시간 단축

거실

수납용 작은 선반

저희 집 거실에는 붙박이 수납장이 없습니다. 그래서 무인양품의 작은 유닛 선반을 놓아두었습니다. 안길이가 25cm인 작은 선반이지만 정말 편리하게 쓰고 있어요. 중요 서류 외의 평소 자주 쓰는 서류, 파일, 잡지 등도 이곳에 모두 수납합니다.

Time Reduction

첫 번째 칸에 있는 큰 상자는 식탁에 어질러져 있기 쉬운 자질구레한 것들은 담는 '일단은 상자'입니다. 처분할지 남길지 당장 결정하기 힘든, 일상에서 꼭 생기는 어중간한 물건을 숨겨놓습니다. 옆에 있는 작은 바구니에는 냅킨을 담아둡니다.

두 번째 칸의 작은 서랍에는 전자계산기 등 가계부관리에 필요한 것을 넣어둡니다. 가계 관련 파일은 그 아래. 착불 택배를 받을 때 딱 맞춰 계산할 수 있도록 잔돈 케이스도 여기에 둡니다.

가계 관리

월간, 연간 돈의 흐름을 파악한다

가계부 결산일은 매월 25일. 급여 입금에서부터 인출, 자동이체까지 월말의 돈의 흐름을 그림으로 만들었습니다. 그림으로 그려놓으면 실제로 내 손에 들어오지 않는 돈의 움직임까지 쉽게 파악할 수 있습니다. 특별 지출은 연초에 예산을 세워 표에 반영. 실제로 사용한 금액은 빨간색으로 기입하고 다음해에 참고합니다. 새 교복을 맞춘 금액이나 선물을 사는 데 쓴 돈을 적고 있습니다.

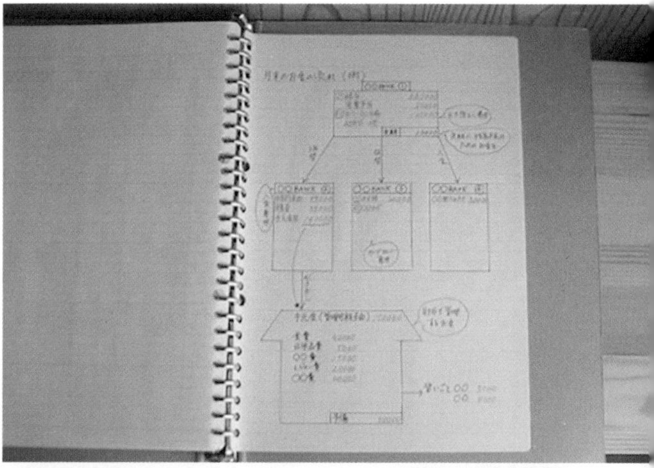

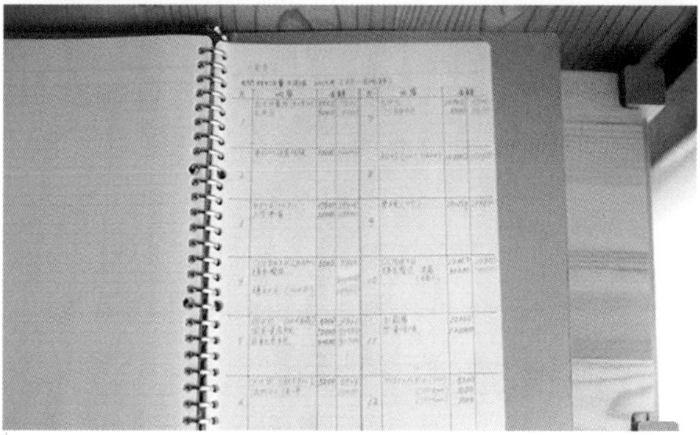

Family Budget

생활비 등 현금으로 관리하는 돈은 용돈기입장이라는 앱으로. 예산에서 현재 남은 금액과 앞으로 하루에 얼마를 사용할 수 있는지 계산해주기 때문에 편리합니다. 잔액이 아슬아슬하게 남았을 때는 '무지출의 날'을 만드는 등 조절합니다.

Master of Simple Life

07 / 10

하나다 토모아 씨

가족 : 남편, 아들(2세), 사는 곳 : 단독주택, 파트타이머

【인스타그램】 **tomoa.jp** https ://www.instagram.com/tomoa.jp/

소소한 집안일이 쌓이는 일상
잠자기 전 반드시 정리합니다

시간을 많이 쓰지 않을 것. 부담을 갖지 않을 것. 매일 아침, 잘 정리된 주방에서 커피를 내리고 말끔하게 정돈된 거실을 바라보며 '아, 행복해, 오늘도 한번 힘내볼까'하는 모습. 이것이 동기 부여의 바탕이 됩니다. 이런 아침을 위해 어떻게 하면 잠들기 전 짧은 시간을 이용하여 주방과 거실을 리셋할 수 있을지 고민합니다.

▶ 집안일 방침

물건 하나하나에 제자리를 부여하고 넣고 꺼내기 쉽게 수납하려고 합니다. 특히 그릇을 넣고 꺼내는 일, 먼지를 터는 일처럼 매일 반복되는 일은 시간 줄이는 방법을 고민합니다. 가족 모두가 공유할 수 있는 시스템을 만들고 함께 집안일에 참여하면 부담을 줄일 수 있습니다.

▶ 시간을 쓰고 싶은 곳

물건을 구입하기까지의 시간. ① 비슷한 물건을 가지고 있지 않은가 ② 여러 용도로 쓸 수 있는가 ③ 튼튼해서 오래 애용할 수 있는가라는 조건에 맞는 우수한 아이템을 삽니다. 아무 생각도 없이 그냥 사버리면 결국 사용하지 않게 되어 돈 낭비, 관리 낭비, 처분하는 노력까지 낭비하게 됩니다.

집안일 시간 단축

정말 필요한 옷인지 검토 후 구입

Time Reduction

한번 대규모로 정리를 하고나니 '그렇게 잔뜩 버렸는데 또 사?'라는 생각이 들면서 쇼핑하기 전에 좀 더 생각하게 되었습니다. 옷의 양이 적어지니 코디 때문에 고민할 일도 없고 쉽게 넣고 꺼낼 수 있는 등 좋은 일뿐. 사고 싶은 옷이 생기면 일단 마음을 가라앉혔다가 다음날 냉정하게 '정말 필요한 것인가'를 고민합니다.

옷을 정리할 때는 우선 손상된 것, 다음은 사이즈가 맞지 않는 것, 그 다음엔 디자인이나 무늬가 너무 튀는 것, 마지막으로 남은 옷 중에서 잘 입지 않는 것을 골라 처분했습니다.

청소

청소는 구연산 스프레이와 세스퀴탄산소다수로

구연산 스프레이로 물때와 비누찌꺼기를 깨끗이 없앨 수 있습니다. 싱크대에 빈틈없이 뿌린 다음 스펀지로 문지릅니다. 그다음 물로 헹구고 닦아주면 반짝반짝해집니다. 물 100ml에 구연산 1작은 술. 무인양품 분무기는 눈금이 있어 편한데다가 심플한 흰색이라 마음에 쏙 듭니다. 세스퀴탄산소다수는 물 500ml에 5g으로 주로 기름때 제거에 사용합니다. 주방 전체에 뿌린 다음, 닦아줍니다. 창문 청소에도 사용하는데 아들이 묻힌 손때를 속시원하게 닦을 수 있어요. 창문 청소를 할 때는 오래 신어 해진 양말을 사용. 창을 깨끗하게 닦은 다음, 반대편으로 뒤집어서 창틀도 닦습니다.

Clean-up

손때가 묻은 안경 렌즈도 세스퀴탄산소다수로 닦으면 깨끗해집니다. 렌즈에 뿌린 다음, 물로 싹 헹궈만 주면 끝. 문지르지 않아도 깨끗해집니다.

요리

냉장고 채소실은 종이 봉투로 칸막이

다이소의 PP케이스 안에 종이 봉투로 칸막이하여 채소 보관. 세워서 수납하여 전체를 한눈에 확인할 수 있도록 했습니다. 채소의 비율이 바뀌어도 종이 봉투이므로 자유자재입니다. 더러워지면 바로 바꿀 수 있는 점도 마음에 쏙 들어요. 세워두면 모든 채소가 한눈에 파악되므로 식단을 짜는 것도 쉬워집니다.

인스타그램에서 발견하고 즉시 실천. 다이소의 포장용 크라프트 봉투를 사용합니다. 입구 부분을 몇 번 접어서 사용. 무는 반으로, 대파는 3등분으로 잘라 랩으로 싼 다음 봉투에.

Cooking

아이가 2살을 넘기면서 요리 시간을 확보하는 것이 더 어려워졌기 때문에 일주일치 반찬을 만들어둡니다. 한번에 대략 6가지를 만드는데 1시간 정도 걸리지요. 주말에 한꺼번에 음식을 만드는 것이 힘들지만 매일매일의 요리시간은 편해져요. 외식과 충동구매도 줄고 여러 가지 반찬을 조금씩 먹을 수 있어 시각적으로나 미각적으로도 풍성해지는 느낌입니다. 또 요리 절차와 솜씨도 좋아졌어요. 반찬만 미리 만들어두고 메인 요리는 그날그날 만듭니다.

집안일 시간 단축

무거운 그릇은 싱크대 아래쪽 찬장은 오픈형으로

주방

전에는 그릇을 수납했던 유리문 찬장. 시선보다 높은 위치에 있는 무거운 그릇을 넣었다 뺐다 하는 것이 힘들고 슬라이드식 문을 좌우로 여닫는 것도 불필요하다는 생각이 들어서 수납을 개편. 그릇 자리를 싱크대 밑으로 옮겼습니다. 또 찬장의 유리문을 떼어 내고 오픈형으로 변경. 찻잔세트와 좋아하는 컵을 올려놓았어요. 주전자도 여기에 수납하기 때문에 이리저리 움직이지 않고도 한군데서 티타임 준비를 할 수 있게 되었습니다.

Before

After

Time Reduction

❶ 식기류를 싱크대 아래쪽 수납공간으로 이동. 식기세척기에서 꺼낸 후, 바로 넣을 수 있어요. 매일 몇 번씩 쓰는 물건일수록 겹쳐서 쌓지 말고 가능한 세우는 수납을 합니다. ❷ 식기 아래쪽은 조리 도구와 청소용 분무기를 넣었어요. 얼마 전까지는 겹쳐서 쌓아올렸던 보울도 하나씩 세워서 수납했습니다. 칸막이로 쓰는 것은 토토노(TOTONO)의 L사이즈 박스로 크기가 딱 좋습니다. 칸막이용 판과 연결 조인트까지 포함이라 편리.

육아용품도 계속 활용 가능한 것을 선택

젖병은 다이소의 심플한 PP케이스에 수납. 같은 다이소의 원목 접시꽂이를 안에 넣었더니 병을 세워 말리는데 안성맞춤입니다. 기존 것은 색상이 컬러풀하고 잘 세워지지 않았는데 이 둘을 조합하여 해결했습니다. 아이가 젖병을 졸업하면 PP케이스는 분류용으로, 접시꽂이는 원래용도로 사용할 수 있습니다.

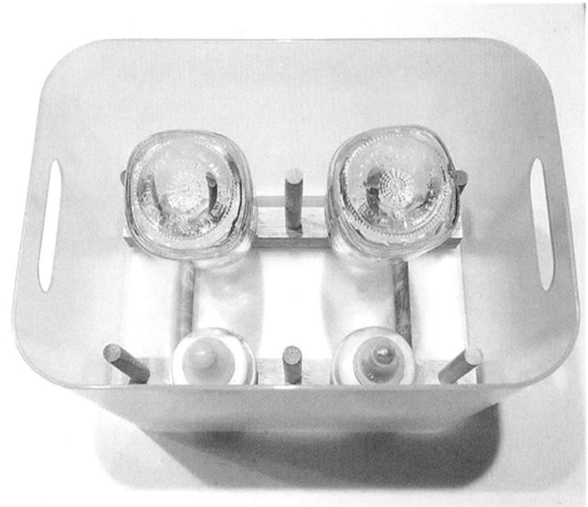

아들이 먹을 때 사용하는 행주로 ① 입가, ② 손, ③ 테이블과 의자 , ④ 바닥을 닦습니다. 밤이 되면 하루 치를 모두 모아 세제로 손세탁하고 염소계표백제로 제균. 전에는 구분해 썼지만 어차피 제균을 할 것이니 한 장으로 다 닦아도 될 것 같아 이 방법을 선택했어요.

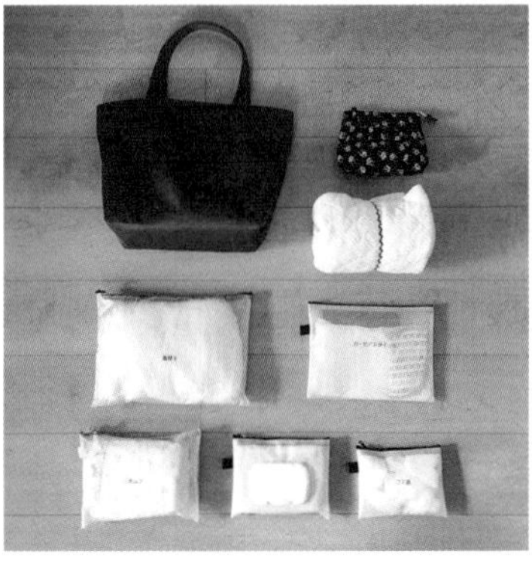

복잡해지기 쉬운 기저귀가방 속은 클리어케이스로 분류. 무엇이 들어있는지 알아보기 쉽고 얼마만큼 남아있는지도 잘 보입니다. 모두 다이소에서 구입했어요.

가계 관리

항목별로 경비 지갑을 구분 영수증은 바로 버리고 기타 지출만 보관

Family Budget

가계부 쓰는 시간을 줄이고 싶어서 항목을 아주 간단하게 정했습니다. 월초에 항목별로 쓸 수 있는 현금을 각각의 지갑에 나눠 넣으면 끝. 갈색 지갑에는 식비 3만 엔, 진한 갈색에는 일용품 1만 엔, 검정색엔 기타 1만 엔을. 월말에 각 지갑의 잔액을 보고 가계부를 쓰기 때문에 항목이 다양한 기타용 검정 지갑의 지출 이외는 영수증을 보관하지 않습니다. 가계부를 쓰는 것도 한 달에 한번 뿐. 기본적으로 '필요 없는 것은 사지 않는다.'라는 의지가 강하면 예산을 넘길 일이 없고 낭비하지 않게 됩니다.

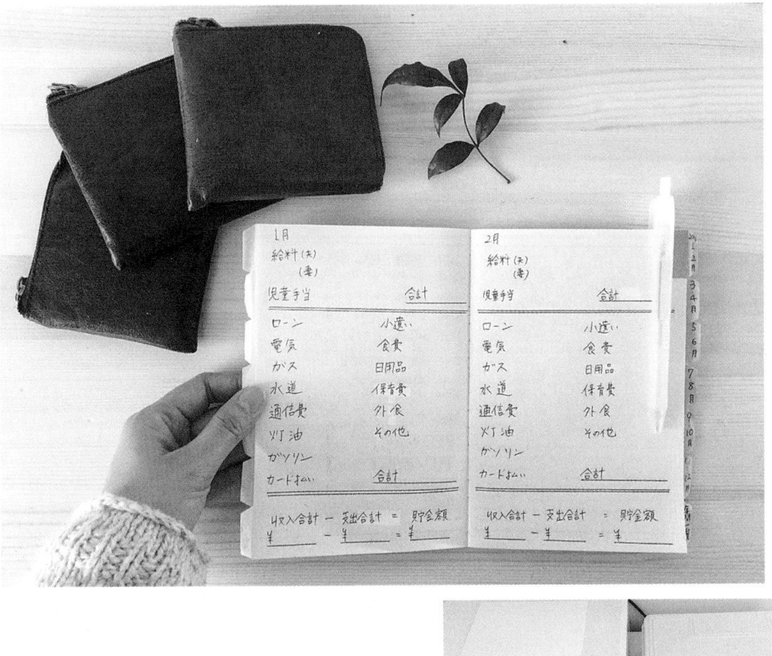

가계부와 문구류는 한군데 수납합니다. 바로 가계부를 쓸 수 있어서 무척 편리합니다. 항상 서랍 통째로 꺼내 테이블로 가져와서 사용합니다.

Master of Simple Life

08 / 10

eiko 씨

가족 : 남편, 딸(11세, 8세, 5세), 사는 곳 : 단독주택, 주부

【인스타그램】 **r.cheek04** https ://www.instagram.com/r.cheek04/

물 쓰는 곳은 특히 깨끗이 청소
대청소가 필요없도록 매일 조금씩 관리해요

물건을 최소한으로 줄이고 홀가분한 마음으로 살고 있습니다.
집안일도 최소한으로 줄여서 소중한 시간으로 쓰고 싶어요.
주방이나 욕실처럼 물 쓰는 곳은 자주 닦는 것이 가장 중요.
나중에 청소하기 훨씬 편해집니다.

▶ 시간 단축을 위해 노력하는 부분

일주일에 한 번, 한꺼번에 장을 봅니다. 일용품이나 약 종류도 마트에서 살 수 있어 시간이 꽤 단축됩니다. 또 가지고 있는 옷을 재검토하여 양을 줄였습니다. 이제 '사서 보충한다'가 아니라 '사면 교체한다'로 마음먹고 오래 입을 수 있는 옷을 조금만 구입합니다. 옷을 고르는 시간도 빨라졌습니다.

▶ 가계에 관한 생각

조금 과장일지는 몰라도 물건을 줄이면서 제 인생이 바뀌었습니다. 우선 충동구매나 물욕이 줄고 지금까지보다 많은 저축을 할 수 있게 되었어요. 미래에 대한 불안도 그다지 없습니다. '사람마다 사는 모습은 다르니까'라는 생각으로 주변에 휩쓸리지 않고 저만의 중심을 세우게 되니 돈을 모으기 쉬워졌어요.

집안일 시간 단축

다 쓴 멜라민 스펀지로 현관 청소

주방 청소 등에 사용하는 멜라민 스펀지. 다 써서 작아졌다면 현관 청소로 역할 체인지. 현관 타일의 때를 문지릅니다. 없어질 때까지 문질러주고 마지막은 걸레로 닦습니다. 현관을 자주 청소하면 대청소 하는 횟수가 줄어 시간을 벌 수 있습니다. 멜라민 스펀지도 끝까지 쓸 수 있으니 일석이조입니다.

욕실 물기는 매일 닦는다

Clean-up

전에는 욕실 청소가 싫어서 이리저리 핑계를 대곤 했습니다. 그렇게 대충 하다보니 거울에 손때가 끼고 곰팡이가 생겨서 상당히 애를 먹었어요. 이래서는 안 되겠다고 결심. 가족 전체가 샤워를 끝내고 나면 간단하게 청소를 하고 물기를 닦아내는 것을 습관화. 다음날 청소가 편해졌고 깔끔하게 유지하기 쉬워졌어요. 디스펜서류와 목욕용품을 좋아하는 흰색으로 통일했더니 보기에도 깔끔해요. 무인양품에서 구입했습니다.

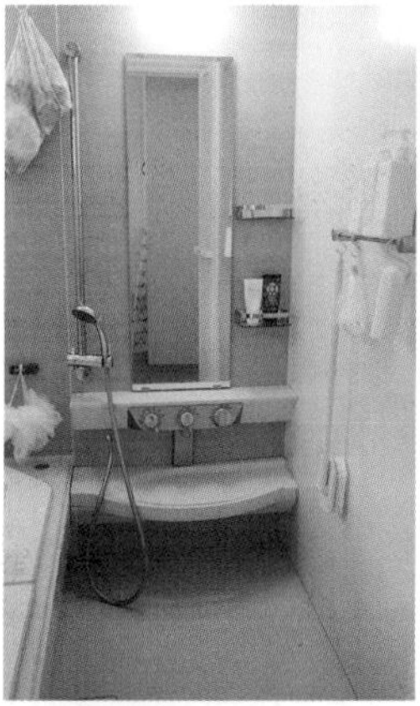

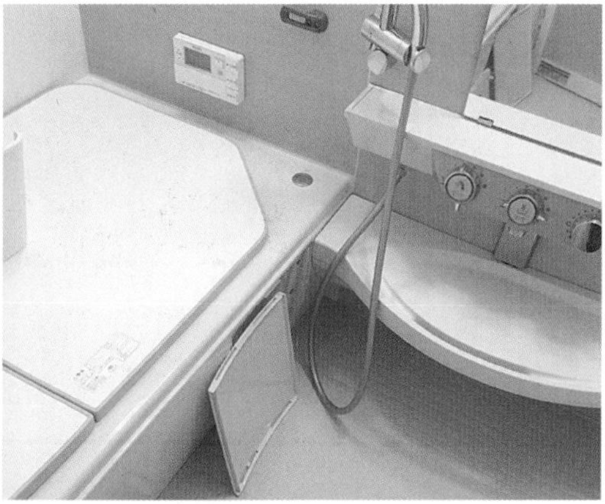

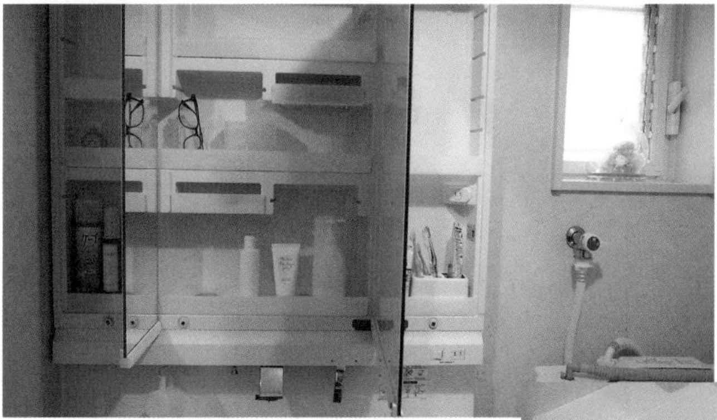

세면대도 사용이 끝나면 욕실과 같은 방법으로 닦고 가족이 사용한 후에도 닦는 등 어쨌든 부지런히 닦습니다. 세제나 기초화장품, 헤어용품, 바디크림, 샴푸류의 재고도 모두 검토하여 최소한으로 줄였어요.

요리

일주일 식재료를 한번에 사고 고기와 생선은 밑준비해서 보관

음식은 너무 절약하려 하지 않고 먹고 싶은 것을 사는 편입니다. 예산은 일주일에 1만 엔. 장보기는 최소한(주1회)으로 제한하고 최대한 외식을 피하는 것이 규칙입니다. 장을 본 날 고기와 생선의 밑처리를 해 둡니다. 햄버거스테이크처럼 요리 형태를 만들거나 소분을 해서 냉장 또는 냉동 보관. 시간이 있을 땐 채소도 잘라둡니다.

주반찬의 밑간만 해두어도 매일 식사 준비가 훨씬 편해집니다. 메뉴는 개수를 늘리기보다 가족이 좋아하는 요리를 중심으로. 음식을 만드는 저도 결코 무리하지 않는 '우리 집에 맞는 메뉴'입니다.

Cooking

나들이를 갈 때는 도시락을 쌉니다. 공원이나 동물원, 수영장 등, 야외에서 먹는 음식을 무척 좋아하는 가족들. 좋아하는 반찬들을 큰 도시락 통에 듬뿍 담으며 즐거운 시간을 보내길 바라는 마음도 꽉꽉 채워넣습니다.

집안일
시간 단축

주방

선반, 건조대 등을 치우면 청소가 편해진다

조미료와 비누랙, 식기건조대, 싱크대의 삼각코너 선반. 조금씩 없애다보니 이만큼 깔끔해졌어요. 필요하다고 믿고 있었을 뿐 없어도 아무렇지 않습니다. 오히려 청소가 아주 편해졌어요. 식기 건조대 대신 흡수성이 좋은 수건을 사용합니다. 설거지가 끝나면 물기를 닦아 바로 정리. 물건이 없는 만큼 주방을 자주 닦게 되었습니다.

Time Reduction

거실

TV장은 오픈형으로 장식 소품도 줄인다

전에는 집을 장식하는 것을 무척 좋아해서 거실에도 잡화가 가득했어요. 하지만 청소를 제대로 못해서 늘 마음에 걸렸습니다. 지금은 정말 좋아하는 것으로 몇 개만, 필요한 것만 놓습니다. 거실 TV장의 문도 떼었습니다. 문이 있으면 아이들이 아무 거나 집어넣어 버리기 때문입니다.

관리항목은 대충 6개 정도로 나눈다

가계부는 제 방식대로 씁니다. 펼쳐서 한쪽에 6개의 분류항목(①식비, ②잡비, ③의류 · 미용 · 의료비, ④여가비(주유, 외식) ⑤육아비 ⑥예비비). 날짜, 사용한 금액, 전체 예산에서 남은 금액을 기입합니다. 이 방법을 쓰게 된 것은 사용하는 돈이 현재 얼마나 남아있는지 일목요연하게 파악할 수 있기 때문입니다. 꼭 필요한 것만 사기 때문에 무엇을 샀는지는 대강 기입합니다.

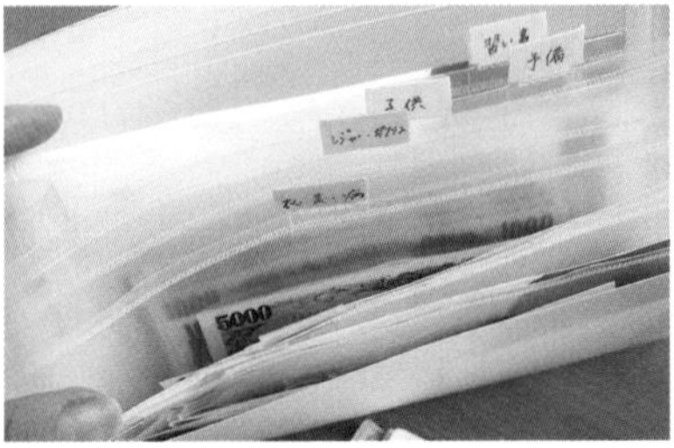

전에는 예산을 봉투에 나눠넣고 관리했지만 미니 포켓 파일에 넣는 방법으로 변경. 남은 금액을 한눈에 확인할 수 있고 무엇보다 꺼내기 쉽습니다. 이게 귀찮아지면 가계부도 쓰기 싫어지니까요.

큰딸의 용돈은 월 500엔입니다. 돈의 고마움과 가치를 알려주고 싶기 때문에 평소부터 "이건 얼마야?", "이것은 네 용돈으로는 살 수 없는 가격이구나."라는 대화를 하면서 생활 속에서 경제 감각을 키워주려고 합니다.

주민세가 공제되는 고향 납세 제도. 저희는 '라쿠텐 고향 납세'를 선택. 라쿠텐 온라인 몰이 감사 대세일 기간 중이었기 때문에 포인트만으로도 환원율이 무척 좋았습니다.

가족과의 시간

특별한 날은 직접 만든 음식으로 축하

아이들의 생일이나 크리스마스, 히나마쯔리(3월 3일 여자아이 명절) 등의 가족행사 땐 케이크를 직접 만듭니다. 시판 케이크를 사고 싶을 때도 있지만 아이가 셋이다 보니 그런 비용도 무시할 수 없습니다. 케이크를 사지 않는 대신 원하는 것을 사 주거나, 가고 싶은 곳에 가는 비용으로 활용하고 있습니다. 둘째의 8살 생일에는 아이가 좋아하는 캐릭터인 스누피 케이크와 생초콜릿을 직접 만들었습니다. 펄쩍펄쩍 뛰면서 좋아하는 아이를 보면서 저도 행복했습니다.

Family Time

'물건'보다 '경험' 가족여행에는 인색하지 않게

가족의 추억을 만들 수 있는 나들이나 여행에는 돈 생각을 하지 않고 마음껏 즐기려고 합니다. 단 복지수당을 사용하지 않으면 손해. 남편 회사에서는 여행비로 일 년에 한번, 한사람 당 5000엔이 지급되기 때문에 이것을 활용하고 있습니다. 올해는 휴양시설 등 시설 요금이 할인되는 곳을 이용해서 더욱 실속있는 여행을 할 수 있었습니다.

Master of Simple Life

09 / 10

nami 씨

가족 : 남편, 딸(4세), 아들(2세), 사는 곳 : 아파트, 회사원(전일제)

【인스타그램】 **ume._.home** https://www.instagram.com/ume._.home/

집안일에 완벽하기보다 아이들과 보내는 시간을 더 소중하게 생각합니다

걸레질과 싱크대&거실 청소 등 간단한 청소는 매일해서 더러워지지 않도록 합니다. 그렇게 하면 휴일에 집안일을 몰아서 할 필요가 없고 그 시간을 아이들과 보낼 수 있어요. 집안일에 쓰는 시간을 최소화해서 아이들과 보내는 시간을 늘리고 싶어요.

▶ 집안일 방침

물건을 찾는 시간을 가능한 줄이고 싶습니다. 가족 중 누가 봐도 알 수 있도록 무엇이 어디에 들어있는지, 어디에 넣으면 되는지 라벨을 붙입니다. 한편 요리는 가족의 건강을 위해 가장 중요하게 생각합니다. 가능한 직접 만들어 먹으려고 노력합니다.

▶ 돈을 써도 좋은 곳

쾌적한 생활을 위한 광열비는 어느 정도 허용합니다. 또 귀성 때나 가끔 가는 여행의 예산은 조금 넉넉하게 잡고 있어요. 즐길 때는 돈 때문에 너무 망설이지 않습니다. 그만큼 평소에는 외식을 거의 하지 않고, 쓰지 않는 전기콘센트는 빼놓는 등 소소한 절약을 실천합니다.

집안일 시간 단축

자질구레한 잡화는 지퍼백으로 분류

Time Reduction

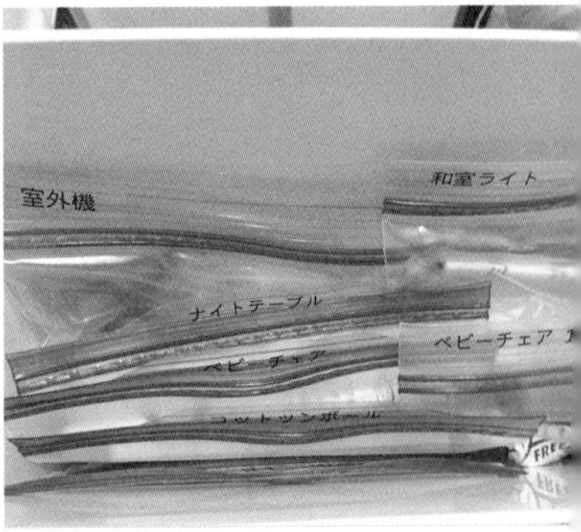

가구 안쪽은 이제까지 파일박스나 봉투 등으로 통일감없이 수납해왔습니다. 하지만 내용물이 무엇인지 써놓지 않은 것도 있어 찾는데 어려움을 겪었어요. 그래서 이것들을 같은 사이즈의 식품보관용 지퍼백에 분류해서 넣고 라벨을 붙였습니다. 라벨의 위치도 통일했더니 필요한 물건을 금방 찾을 수 있게 되었습니다. 한눈에 알 수 있어 가족들도 좋아해요.

청소

청소하기 귀찮은 곳은 주기를 정해둡니다

주방 환기팬처럼 깜빡하면 몇 개월씩 방치되어 버리는 곳은 청소 주기를 정해둡니다. 환기팬은 짝수 달에 닦아줍니다. 2개월 이상 방치하면 기름 냄새가 거슬리므로 주의합니다. 떼어낼 수 있는 것은 산소계표백제에 담가놓고 청소를 합니다. 담가놓고 기다리는 시간에 화장실 등 다른 곳을 청소해요. 홀수 달에는 욕실을 철저하게 청소. 곰팡이 방지제를 사용합니다. 평소에는 목욕 후에 깨끗하게 닦고 욕실 난방으로 습기를 제거. 광열비가 부담스럽지만 곰팡이가 생겨서 고생하는 것보다는 낫습니다.

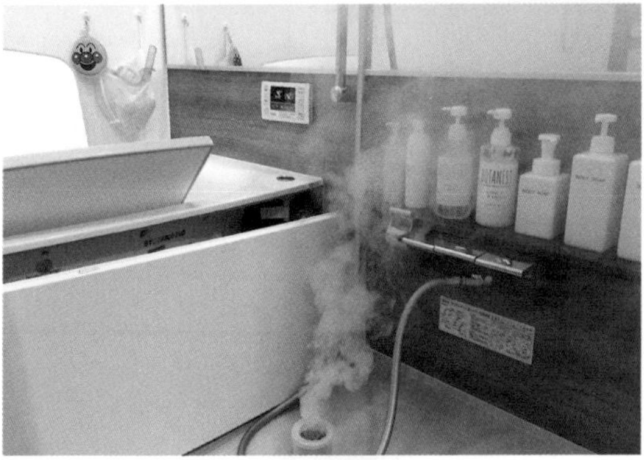

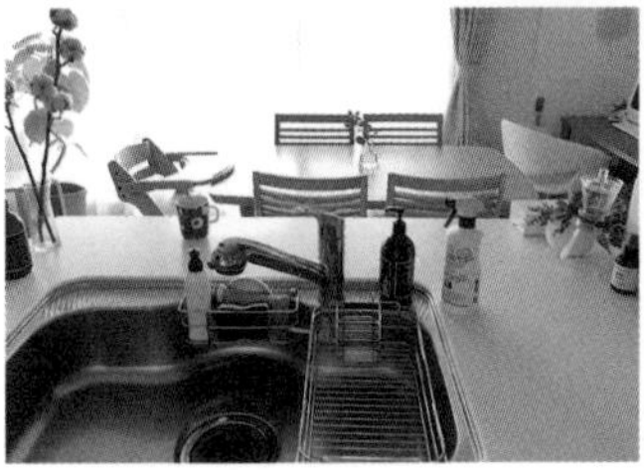

주방 싱크대는 매일 반드시 리셋하는 장소. 사용이 끝나면 친환경 안심소독제로 전체를 깨끗하게 닦습니다. 식사할 때 사용한 아이들의 손수건도 산소계표백제에 담가둡니다.

매일 거실 바닥을 걸레질합니다. 간단한 청소는 생각났을 때 바로 하면 더 편해집니다. 소파와 러그에는 잠자기 전에 머치슨흄의 가구 및 유리용 스프레이를 한번 뿌려줍니다.

청소

청소하기 쉽게 바닥에는 최소한의 물건만

청소가 힘들어지지 않도록 청소하기 쉬운 환경을 만드는 것이 가장 중요합니다. 베란다에서 식물을 많이 키우는데 의자 등에 올려서 바닥에 직접 닿지 않게 합니다. 그렇게 하면 빗자루질과 자루 걸레질이 쉬워집니다. 또 흙먼지도 많이 신경 쓸 필요가 없습니다. 아이들이 올라갔다가 떨어지는 일이 없도록 무거운 것을 올려두는 것도 잊지 않습니다.

현관에 신발을 꺼내두지 않으면 청소가 훨씬 편하게 진행. 청소기를 돌릴 때 현관까지 같이 청소합니다. 비온 다음에는 닦아줍니다. 인테리어 잡화를 놓는 부분도 틈틈이 닦아줍니다.

Clean-up

청소 도구들은 바구니에 모아두면 넣고 꺼내기가 편해서 청소도 쉬워집니다. 변좌와 바닥은 알코올로 닦아서 청소합니다.

요리

Cooking

미리 만들어두는 요리는 4일분이 기본 도시락 반찬으로도 활용

출근하는 날엔 '귀가 후, 어떻게 하면 저녁준비를 재빠르게 마칠 것인가.'가 중요하므로 미리 만들어두는 것이 기본. 쉬는 날, 일주일분 식재료를 구입하여 제 스타일로 4일치 정도를 한꺼번에 만들어둡니다. 신경 써야 할 점은 완벽하게 익힐 것, 수분이 거의 남지 않도록 할 것, 충분히 식은 후에 냉장 보관할 것. 물기가 많은 반찬부터 먼저 먹도록 합니다. 반찬수가 모자랄 때는 낫또나 두부를 추가. 토마토 등 채소를 자르기만 하면 되는 샐러드도 아주 유용한 메뉴. 미니햄버거는 도시락 반찬과 제가 일하는 날에 먹을 아이들 점심용으로 약간 넉넉하게 만들어 저장.

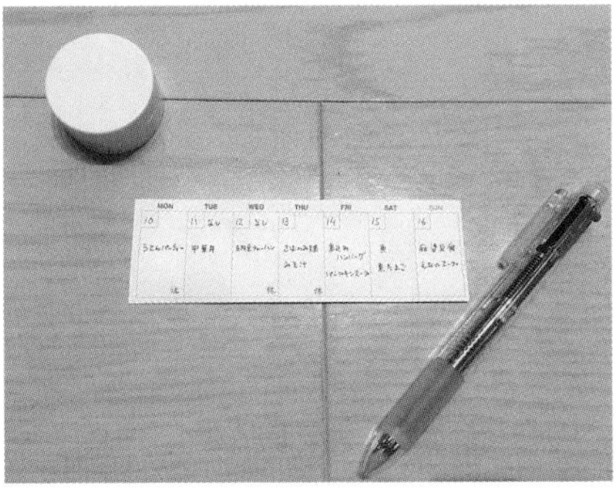

주단위로 정해둔 메뉴는 여기에 적어놓은 것+샐러드입니다. 채소와 생선은 A슈퍼, 육류는 B슈퍼라는 식으로 식재료에 따라 더 싸게 파는 슈퍼에서 구입. B슈퍼는 약간 멀기 때문에 고기는 넉넉하게 사서 냉동 보관합니다.

가계 관리

현금, 카드, 용돈으로 구분
너무 허리띠를 졸라매지 않도록 주의

가계 관리는 항목을 너무 세세하게 나누면 지속하기 어렵습니다. 현금, 카드, 용돈 3종류로 분류하고 다른 색으로 기입합니다. '무엇을 샀다'가 아니라 구입한 곳을 써놓으면 '자신도 모르게' 충동 구매한 것을 파악하기 쉬워집니다. 제 경우, 100엔 샵이 압도적으로 많았습니다. 가계부는 무인양품의 월간 스케줄 수첩을 사용. 월급날을 시작일로 잡고 다음 달 월급전날까지를 한 달로 설정합니다.

Family Budget

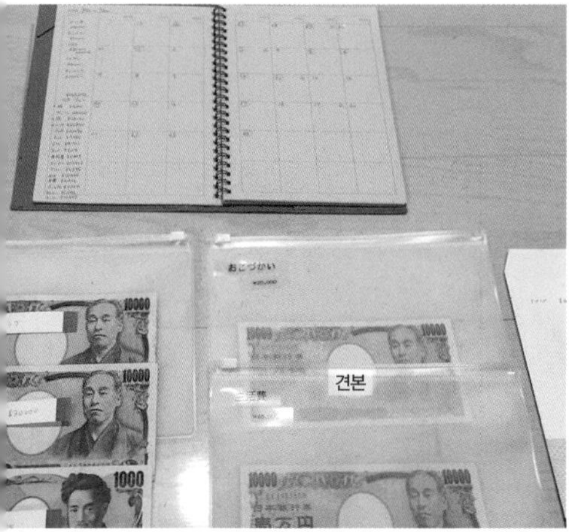

은행 인출은 월 1회
고정비 이외는 현금으로 관리

쓸데없는 수수료와 시간을 쓰지 않으려고 합니다. 생활비 등은 봉투나누기. 광열비. 통신비 등은 카드로 지불하지만 카드는 한 장만 가지고 있습니다. 결제일이 같아서 관리하기 편하거든요. 신용카드의 포인트는 가족여행 때 사용합니다. 여행 보험도 가입되어 있어 일석이조입니다.

가끔은 집안일을 아이들과 함께

Family Time

휴일엔 아이들과 몸을 부대끼며 놀아주고 싶어서 집안일은 가능한 간략하게 처리합니다. 그런데 아이들이 제 흉내를 내면서 집안일을 하고 싶어할 때가 있어요. 자루걸레질이나 손걸레질, 요리는 제가 지켜보는 가운데 채소 자르기 등 고루고루. 청소는 하는 방법보다는 왜 해야 하는지를 알려주고 있습니다. 먼지가 있으면 기침이 나와, 그리고 벌레는 과자 부스러기를 무척 좋아한단다, 라고 설명해줍니다.

매일 반드시
혼자만의 시간을 확보

아이들을 재우고 세탁도 끝난 이후는 나에게 주는 보상시간. 잠들기 전에 반드시 느긋한 시간을 만듭니다. 텔레비전을 보거나 가계부를 쓰거나 차를 마시는 소소한 시간. 휴일엔 남편이 아이들 목욕을 시키는데 그 시간도 즐거운 혼자만의 시간. 이런 작은 기분 전환 시간 덕분에 매일을 즐겁게 열심히 살아갈 수 있습니다.

Shiori 씨

가족 : 남편, 아들(4세), 사는 곳 : 단독주택, 주부

【인스타그램】 s_hm927 https://www.instagram.com/s_hm927/

집안일은 기분좋게 생활하기 위한 것 귀여운 도구로 즐기면서 하고 있어요

집안일은 '하기 싫어도 해야만 하는 것'이라고 하지요. 하지만 귀여운 주방용품과 아로마 향을 도입하는 등 보다 즐겁게 해낼 수 있는 방법을 연구합니다. 청소는 좋아하지 않지만 나중에 대청소가 되지 않도록 부지런히 관리합니다.

▶ 시간을 쓰고 싶은 곳

청소 중에서도 특히 마음이 내키지 않는 목욕탕과 화장실 청소는 시간을 들여서 집중적으로. 될 수 있으면 아무것도 하기 싫지만 더러움이 쌓여서 대청소를 해야 한다면 더욱 큰일. 평소 청소를 할 때 곰팡이 대책까지 정성껏 하고 있습니다.

▶ 돈을 써도 좋은 곳

집에 관심을 갖게 되면서 옷보다 인테리어 잡화나 가구, 청소 도구에 돈을 쓰게 되었습니다. 사용하면 기분이 좋아지는 물건이라면 돈을 너무 아끼지 않고 구입합니다.

청소

바닥 물걸레질을 할 땐 아로마 오일로 기분 좋게

바닥 물걸레질은 일주일에 한번씩. 손걸레질을 하는 것은 엄두가 안 났지만 무인양품의 목제자루와 자루걸레를 쓰면서부터는 쉽게 시작할 수 있게 되었답니다. 좋아하는 아로마 오일 몇 방울을 떨어뜨린 물로 청소를 하면 온 방이 향기로 가득해져 기분이 좋아집니다. 이 방법으로 물걸레질이 조금은 좋아졌어요.

주방 청소는 기름때에 강한 세스퀴탄산소다수를 사용

저희 집은 스테인리스 주방이라서 방치하면 바로 더러워집니다. 그래서 사용 후에는 반드시 세스퀴탄산소다수를 뿌리고 정성껏 닦습니다. 세스퀴탄산소다는 기름 때를 닦아내는데 효과적입니다. 시판되는 상품이라 라벨이 붙어있었지만 떼어내고 심플한 상태로 사용합니다. 잠들기 전에 한 번 더 스프레이하여 주방을 반드시 리셋.

냉장고 속 오염제거에도 효과적인 세스퀴탄산소다수. 특히 흙얼룩 등이 신경 쓰이는 채소실은 바닥에 키친타올을 깔고 그 위에 세스퀴탄산소다수를 뿌린 다음, 닦는 방법으로 청소.

Clean-up

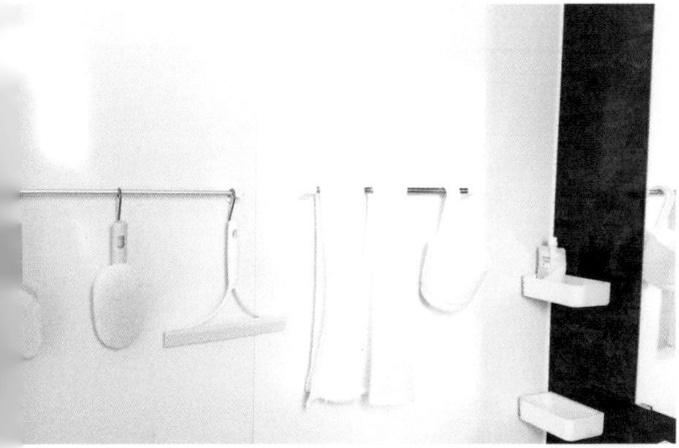

욕실 청소 도구는 모두 걸어서 수납

욕실청소용품은 전부 S자 고리에 걸어둡니다. 물 때 방지는 물론, 무엇이 어디에 있는지도 한눈에 알 수 있어 편리. 청소용품은 흰색으로 통일하여 깔끔하고 청결해보이도록 합니다. 욕실 청소를 좋아하지 않지만 좋아하는 아이템과 색깔 덕분에 청소 의욕이 생깁니다.

최근 인스타그램에서 덜튼의 마그넷 비누 홀더를 보고 구매했습니다. 자석으로 붙이는 구조라 공중에 띄워놓을 수 있으니 이제 끈적거림도 안녕.

Clean-up

청소

주방은 한 달에 한 번 산소계 표백제로

주방 싱크볼은 한 달에 한 번 리셋. 코스트코 등에서 판매되고 있는 산소계 표백제를 사용합니다. 방법은 배수구를 막고 싱크볼에 뜨거운 물을 채웁니다. 다음은 산소계 표백제를 전용스푼으로 2~3스푼 정도. 잘 풀어서 한 시간 정도 담가놓습니다. 그대로 뜨거운 물을 빼내고 닦아주기만 하면 반짝반짝. 한 달에 한 번 하는 작업이지만 했을 때와 안 했을 때는 천지 차이. 성취감도 느낄 수 있고 더러워지지 않게 하는 요령이기도 합니다.

집안일
시간 단축

주방 가전은 디자인 좋은 제품으로 '보이는 수납'

깔끔하고 생활감이 너무 드러나지 않는 주방을 원합니다. 그래서 가전제품도 인테리어로 즐길 수 있는 디자인을 고르려고 해요. 전기밥솥, 전자레인지, 토스트기 등 매일 사용하는 물건은 늘 꺼내놓고 씁니다. 감추는 수납이 아니라 보이는 수납이지요. 생활감이 많이 느껴지는 것은 좋아하는 무늬의 키친 클로스로 덮어주기도 합니다.

Time Reduction

깜찍한 빨간 지붕 집의 정체는 멀티 스탠드. 젓가락과 국자, 냄비 뚜껑은 물론, 요리책까지 올려놓을 수 있답니다. 늘 밖에 두어도 디자인이 귀여워서 거슬리지 않고 기분이 좋아집니다. 제가 가장 좋아하는 빨강색은 저희집 주방의 포인트 컬러.

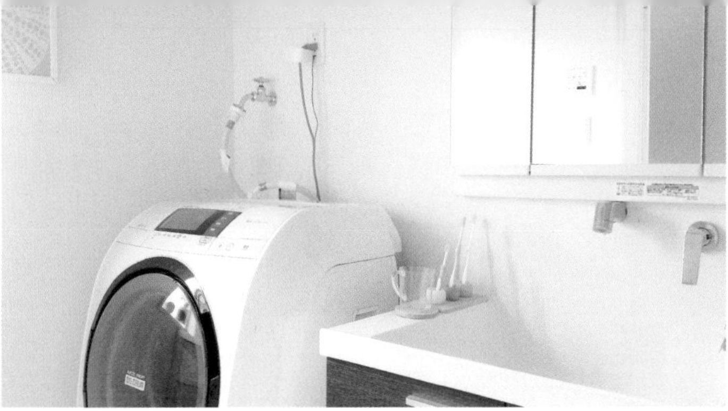

집안일
시간 단축

칫솔스탠드는 규조토 컵받침 위에

Time Reduction

칫솔은 무인양품 칫솔스탠드에 꽂아 세면대에 올려놓고 사용합니다. 하지만 양치 후에 아래쪽으로 물이 빠져 늘 축축한 것이 작은 스트레스였습니다. 별 일 아닌 것 같아도 매번 닦아야 한다는 것은 역시 부담. 그래서 칫솔스탠드 밑에 규조토 컵받침을 깔아보았어요. 물기가 싹 흡수되어 축축해지지 않습니다. 마음에 쏙 들어서 컵받침용으로도 구입할 생각입니다.

가족과의
시간

아들과의 시간을 소중하게

올해부터 어린이집에 다니게 된 4살 아들. 장난감으로 함께 놀기도 하고 그림책도 읽어주면서 남아있는 시간을 소중하게 보내고 있어요. 또 아직 어리기 때문에 1층에서 노는 경우가 많아 거실 옆에 있는 일본식 방을 아이의 공간으로 꾸몄습니다.

Family Time

남편과 아들이 잠든 후가 귀중한 나만의 시간. 저는 좋아하는 향을 넣은 아로마 디퓨저를 틀고 드라마를 봅니다. 스스로를 격려하는 소중한 시간입니다.

column ❶

집안일 시간을 줄여주는 편리한 아이템

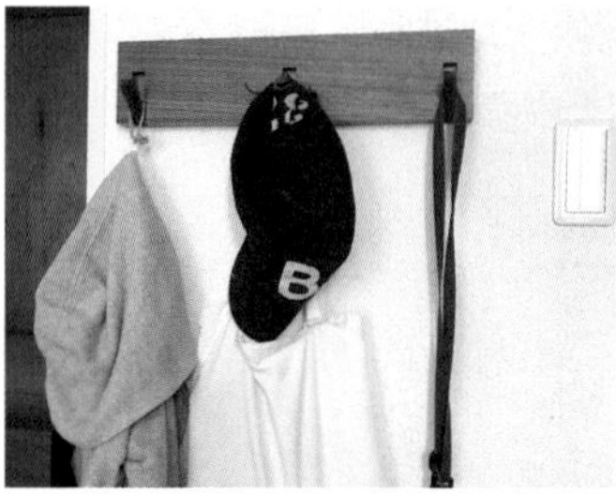

>>> 나카야마 아이코 씨

아들 방에 나무 후크를 달아 '벗어던짐' 방지

무인양품의 '벽걸이가구(3열 행거)'에 윗옷과 모자를 걸도록 했더니 옷을 바닥에 휙 벗어던진 채 두는 일이 줄었습니다. 사용빈도가 높은 물건의 지정석은 거는 수납으로 정하는 것이 좋습니다. 걸기 편하게 상의 태그에 끈을 통과시켜 달았어요.

>>> yumi.spring 씨

병원진찰권 등은 개인별로 색이 다른 컬러케이스 보관

진찰권, 보험증, 병원세트는 가족별로 색을 정하고 다이소에서 산 지퍼케이스에 넣어둡니다. 흰색으로 통일하면 깔끔해 보이겠지만 글씨를 보지 않아도 누구 것인지 알 수 있도록 각각의 색깔을 다르게 골랐어요. 급박한 상황에서 바로 들고 나갈 수 있어서 편리.

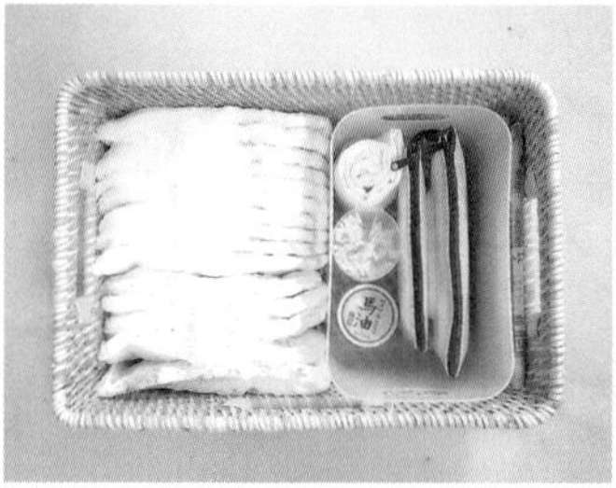

>>> 하나다 토모아 씨

니토리 라탄바구니는 기저귀 수납에 안성맞춤

니토리의 라탄 바구니에 기저귀를 수납합니다. 안은 다이소의 내추럴클리어 수납박스로 칸막이. TV장 서랍에 수납하고 있는데 손잡이가 3군데나 있어서 쉽게 꺼낼 수 있습니다. 다른 방으로 들고 가기도 편리.

>>> 하 씨

흡착판이 달린 컵은 잘 마르고 물때도 제로

세면대는 핸드워시 외에는 아무것도 놓고 싶지 않습니다. 그래서 양치 컵은 흡착판이 달린 것으로 선택했어요.
의외로 먼지가 쌓이기 쉬운 곳이므로 청소하기 쉽게 정리합니다.

CHAPTER

02

돈 관리 아이디어

Family Budger Management ❶ | 가계 관리 수기 가계부 족 ①

토모 씨

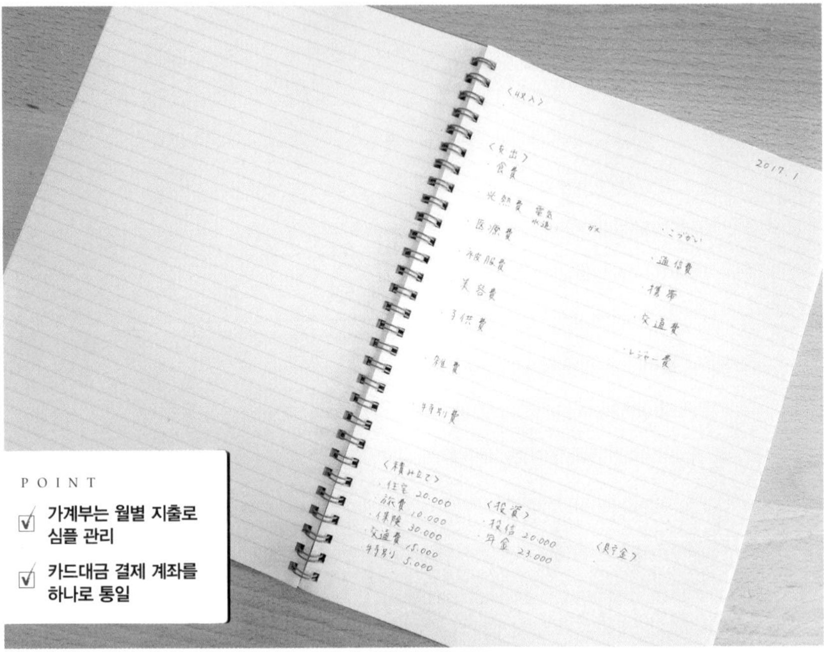

POINT

- ☑ 가계부는 월별 지출로 심플 관리
- ☑ 카드대금 결제 계좌를 하나로 통일

포인트 적립 카드 사용

저희 집은 대부분을 카드로 계산합니다. 현금으로 관리하는 것은 3만 엔 정도입니다. 신용카드로 지불하면 홈페이지에 사용한 이력이 남기 때문에 무엇을 샀는지 기록이 됩니다. 게다가 포인트가 쌓이기 때문에 절약이 되기도 하고요. 관리 규칙은 아주 간단합니다. ①결제 계좌를 분산하지 않는다, ②금액이 큰 특별 지출은 사전에 반드시 입금한다, ③월 예산은 꼭 지킨다. 이 세 가지입니다. 식비와 잡비 등 세세한 항목과 지출액은 무시하고 월 예산 총액만 지키려고 합니다.

영수증을 모았다가 주말, 월말에 기입

무인양품 노트에 수기로 기록합니다. 월초에 각 항목을 써넣고 고정비는 먼저 기입. 식비와 잡비, 레저 비용은 주말에 집계하여 메모해두었다가 월말에 가계부에 옮겨 적는 정도. 항목별 합계 금액을 적고 예산을 초과한 경우에는 빨강색으로. 신용카드로 지출한 금액은 결제계좌인 은행의 항목에 인출일과 함께 메모합니다.

명세서는 인터넷으로 이력을 확인할 수 있으므로 가계부에는 최소한의 정보만 적습니다. 그때그때 개선 사항을 추가합니다.

ayaco(@a_kurashi_note) 씨

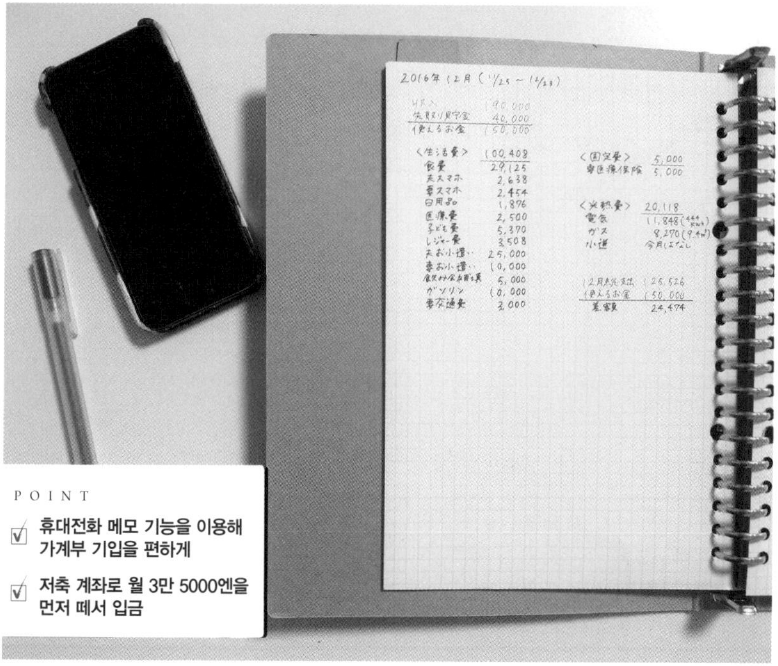

POINT

- ☑ 휴대전화 메모 기능을 이용해 가계부 기입을 편하게
- ☑ 저축 계좌로 월 3만 5000엔을 먼저 떼서 입금

지출 내역은 핸드폰 메모로 월 1회 가계부에 기입 은행 계좌는 목적별로 3개

매일 지출 내역을 핸드폰에 메모. 한 달에 한번, 가계부에 한 번에 집계합니다. 일용품은 5% 할인하는 날에 한꺼번에 구입하거나 라쿠텐 포인트를 이용해서 구매합니다. 은행 계좌는 ①급여입금, ②광열비&신용카드 결제, ③저금용으로 3개. 급여는 입금되는 대로 거의 전액을 인출해서 봉투에 나눠담습니다. 카드로 쓴 것은 현금을 바로 결제 계좌로 옮겨서 실제 지출을 파악합니다. 월 최저 3만 5천 엔을 우선적으로 저축합니다. 목적별로 계좌를 만들어 관리하는 것이 포인트입니다.

yu(@yuu___425) 씨

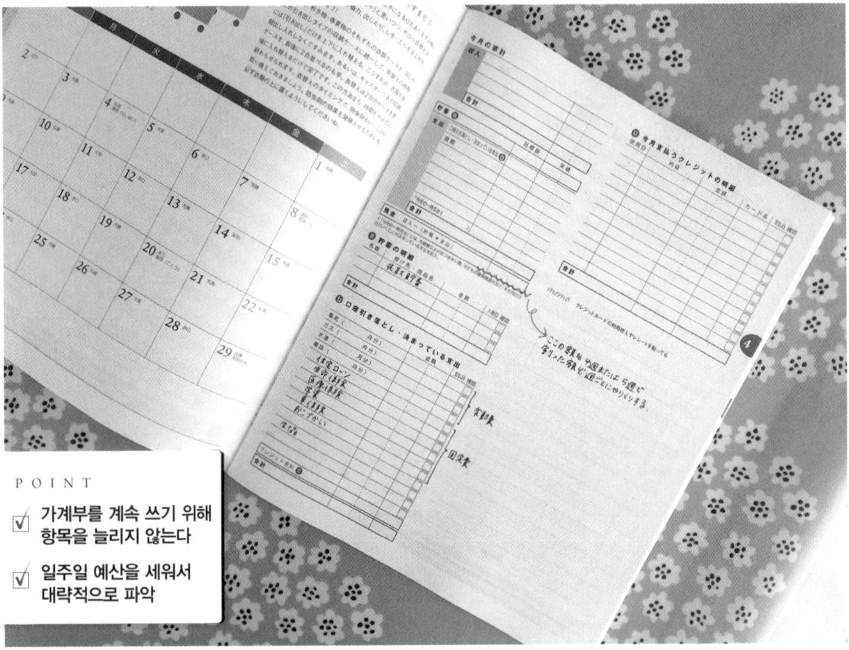

POINT

- ☑ 가계부를 계속 쓰기 위해 항목을 늘리지 않는다
- ☑ 일주일 예산을 세워서 대략적으로 파악

일주일 단위 예산을 세워서 지출 초과 방지

최소한의 필수항목으로 끝나는 심플한 가계부를 이용합니다. 우선 급여일에 광열비, 통신비, 고정비, 신용카드비 등 필수 경비를 기입해서 지출을 파악. 남은 예산에서 주 단위로 사용할 수 있는 금액을 정합니다. 생협 이용으로 인해 식비가 자동 이체되거나 별도의 항목을 같은 영수증으로 합계 내는 등 돈을 정확한 항목으로 나누는 것이 어려운 저희 집은 봉투관리 등은 하지 않습니다. 일주일에 얼마라는 테두리 안에서 꾸려나가면 OK. 일주일 단위로 예산을 나눠서 세우면 한 번에 써버리는 것을 방지할 수 있고 매주 지갑이 리셋되기 때문에 마음도 편안합니다.

Family Budger Management ❶ | 가계 관리 수기 가계부 & PC 족

emi(@emiyuto) 씨

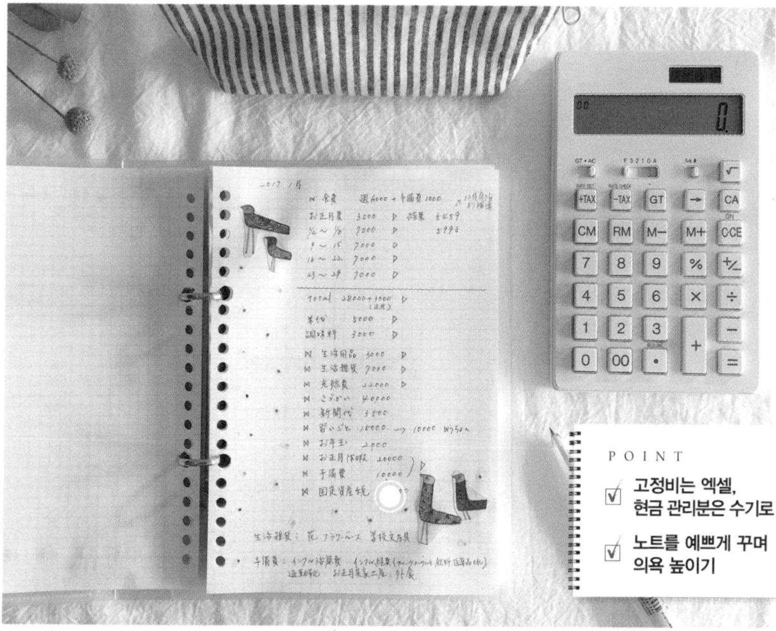

POINT

- ☑ 고정비는 엑셀, 현금 관리분은 수기로 작성
- ☑ 노트를 예쁘게 꾸며 의욕 높이기

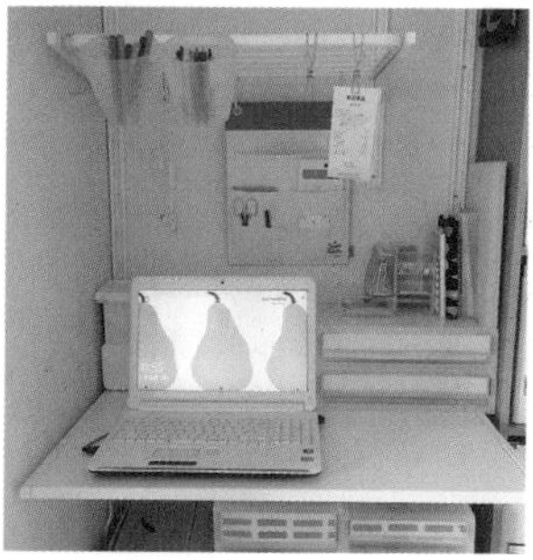

계산과 계좌 관리는 무료 소프트웨어로 예산과 지출 합계만 노트에 적는다.

무료 소프트웨어인 우키우키 가계부에 입력해서 관리를 기본으로 합니다. 고정비 지출이나 신용카드 자동이체, 은행 계좌 관리가 쉽기 때문에 10년 정도 애용하고 있습니다. 식비와 일용잡화비 등 현금으로 쓰는 것은 주로 노트에 기입. 예산과 지출 합계를 써넣어 한눈에 보기 쉽도록 해둡니다. 입력이나 기입은 가능한 그날 중에 하려고 하지만 강제적인 규칙은 아닙니다. 좋아하는 마스킹테이프나 일러스트로 노트를 장식. 가계부 쓰기를 즐길 수 있도록 노력합니다.

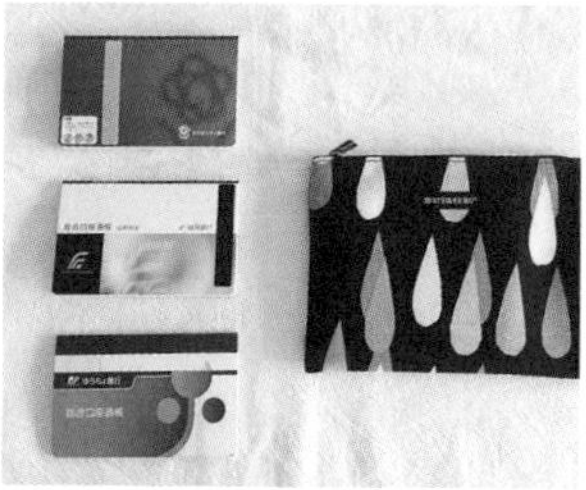

은행입출금은 현금카드가 아닌 통장으로. 자주 통장 정리를 하면 돈의 흐름을 일목요연하게 파악할 수 있어요. 좋아하는 마리메코(Marimekko) 파우치에 넣어둡니다.

ichigo(@pokapokaichigo)씨

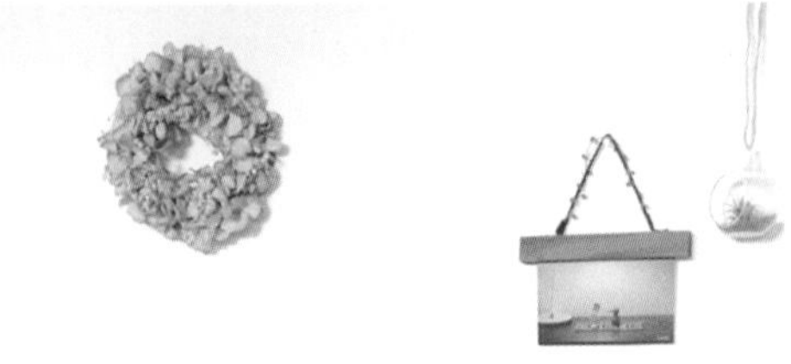

POINT

- ☑ 엑셀로 지출의 흐름을 알아보기 쉽게
- ☑ 영수증은 모아두었다가 월말에 한꺼번에 파기

가계부를 쓰는 컴퓨터 바로 옆에는 남편이 지갑에서 꺼낸 영수증을 넣을 수 있도록 전용 트레이를 놓았습니다. 영수증이 없는 경우도 있으므로 메모장을 옆쪽에 상비해둡니다.

생활에 맞춰 가계부 항목을 자유롭게 설정

매년 12월에 다음 해 예산표를 엑셀로 작성합니다. 가장 왼쪽에 실수령액을 입력하고, 화면 오른쪽으로 계좌 자동 이체, 생활비와 용돈 등 지출 항목을 세세하게 나눕니다. 예산용 엑셀과는 별도로 마스터 머니라는 전용 프로그램도 사용합니다. 이쪽도 자유롭게 항목을 설정할 수 있고 계좌간의 자금 이동 등도 간단해서 쓰기 편한 것이 마음에 들어요. 구입한 물건을 전부 자세하게 기록하는 것이 아니라 영수증 합계금액을 기입합니다. 어느 것이나 우리 집에 맞는 형태로 자유롭게 항목설정을 할 수 있는 것이 좋습니다. 발밑에 문서파쇄기를 놓고 영수증 등은 월말에 처분합니다.

erika(@penta_room)씨

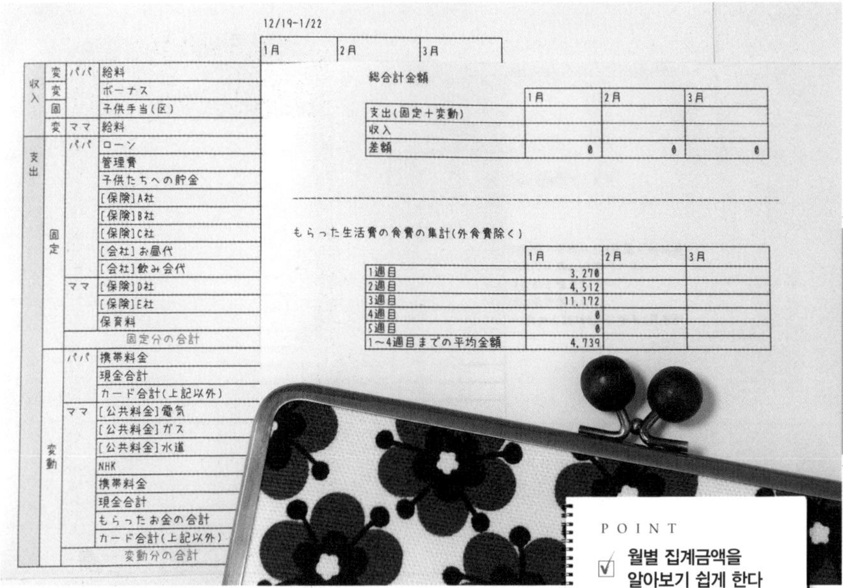

POINT

- ☑ 월별 집계금액을 알아보기 쉽게 한다
- ☑ 매월 정해진 금액은 반드시 저축한다

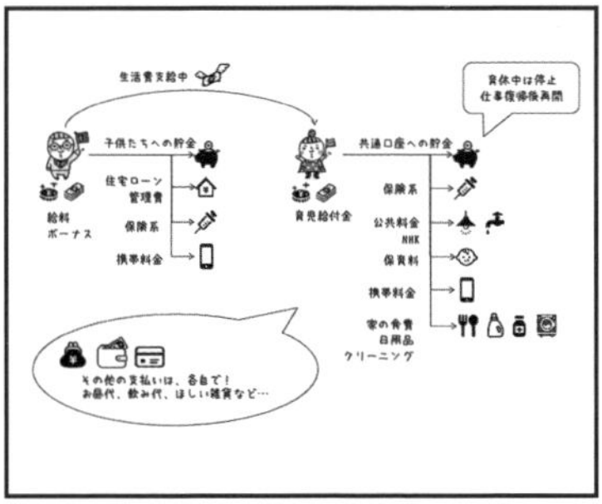

항목을 세분화하여 가계부에 기록 표를 만들어 흐름 파악

엑셀로 만든 가계부에 기입하고 있습니다. 왼쪽에는 항목별로 지출을 기입하고 오른쪽 시트에 집계금액을 적습니다. 가장 금액이 큰 대출+관리비를 남편이, 자질구레한 공공요금이나 보육료 등은 제가 지불합니다. 보험, 휴대폰 요금은 각자 지출. 식비나 일용품 등의 생활에 필요한 비용은 남편에게 생활비를 받아서 꾸려나갑니다. 매달 정해진 금액을 저축하는 것이 우선. 나머지는 금액은 절제하면서 사용합니다. 너무 빈틈없이 쓰는 것보다 이렇게 하는 것이 더 편하게 느껴집니다.

분류용 지갑.
식비용과 일용품용으로 현금을 나눠서 사용합니다.
핸드메이드 판매 사이트인 tetote에서 구입.

마루코 씨

POINT

- ☑ 부부 공통 계정으로 함께 관리
- ☑ 항목을 너무 자세하게 나누지 않는다

부부가 한 계정으로 가계부 앱 쓰기

가계부 앱인 머니 포워드를 활용하고 있습니다. 부부가 같은 계정으로 로그인하고 돈을 쓰면 각자가 입력하는 룰. 공통의 가계부를 볼 수 있기 때문에 '이번 달은 식비를 너무 많이 썼네.'라는 식으로 함께 검토할 수 있습니다. 내역은 너무 자세하게 기록하지 않습니다. 슈퍼에서 식료품과 두루마리 휴지를 동시에 샀어도 입력은 '식비'로 일괄기입. 너무 자세하고 빈틈없이 하려고 하면 가계부 관리를 지속하기 힘들기 때문에 이 정도의 오차는 넘어갑니다.

hana(@hana.ienote) 씨

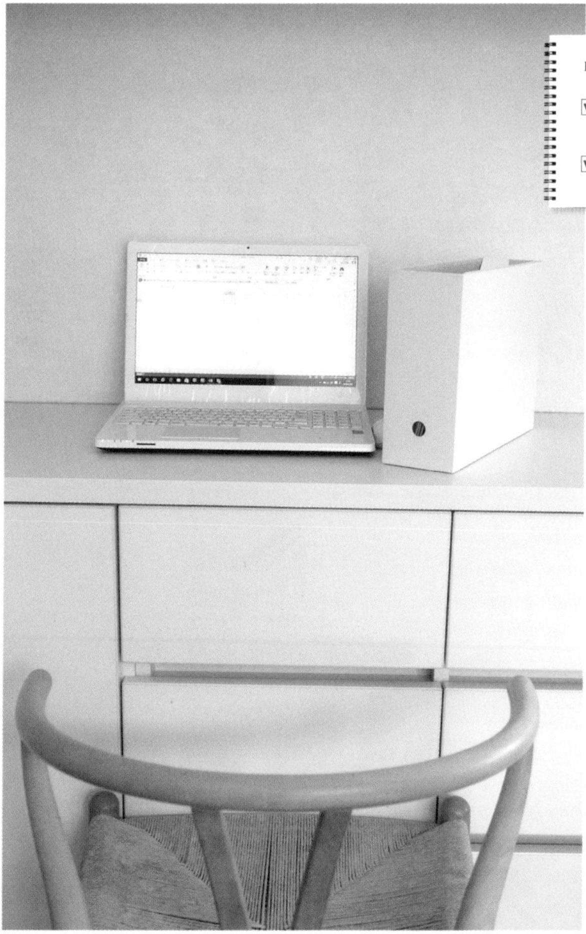

POINT

- 자동 집계되는 엑셀 활용
- 관리하고 싶은 항목은 별도로 표시, 수시 체크

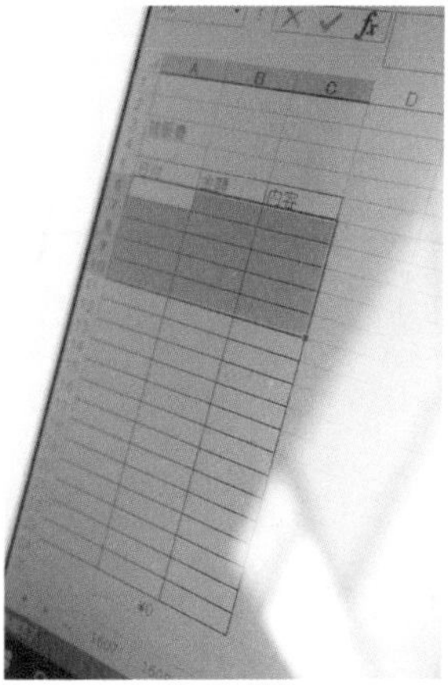

엑셀 가계부는 계산이 편리, 데이터 보존과 처리 시간도 절약

엑셀로 직접 만든 가계부를 사용합니다. 계산식을 넣어두면 합계를 낼 때 시간도 걸리지 않습니다. 가계부는 보관할 장소도 필요하지만 컴퓨터이므로 USB하나로 OK. 그리고 과거 데이터 삭제도 간단합니다. 관리하고 싶은 지출은 별도로 항목을 만들어서 파악. 어느 때는 의류비 표를 작성. 그 결과 필요한지 필요하지 않은지를 의식하며 구입하게 되어 전년도에 대비해서 꽤 많은 금액을 줄일 수 있었습니다. 난방비 항목을 따로 만들기도 합니다.

POINT

- ☑ 통장 명세 & 잔고를 가계부 대신
- ☑ 카드 결제 영수증은 일단 보관

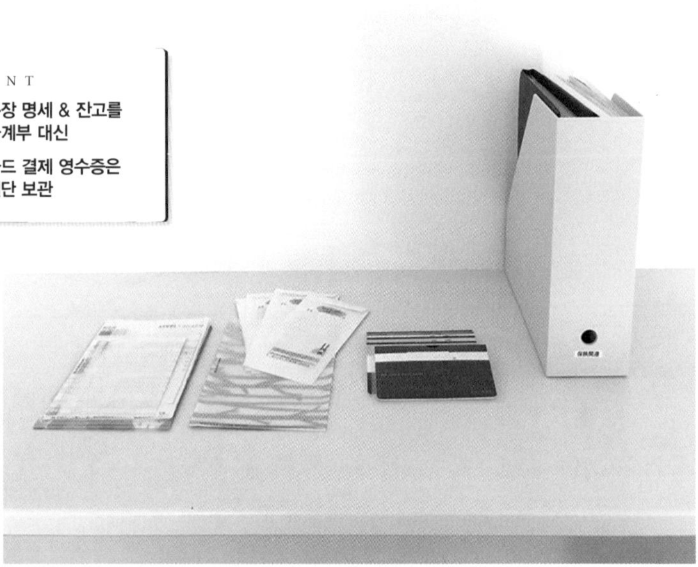

kao(@kao_kurashi)씨

통장을 가계부로 활용, 카드 결제 이외의 영수증은 바로 버리기

연간 대략적인 돈의 흐름을 어느 정도 파악하게 되면서는 가계부를 쓰지 않고 통장 기재로 관리합니다. 공공요금 등의 계좌 자동 이체는 통장에 그대로 찍히고 잔고도 알 수 있으므로 무척 편리. 필요사항은 메모란에 적어넣습니다. 급여일 전에는 잔고를 별도 계좌로 모두 이동시켜 한번 리셋. 통장 자체를 잘 사용하면 가계부 대신 사용할 수 있습니다. 지금 이동을 할 때마다 ATM에 가는 것이 귀찮기 때문에 인터넷 뱅킹을 이용합니다. 신용카드 영수증은 결제일까지 보관합니다.

Family Budger Management ❷ | 지출 검토 ①

Credit Card

아린코(@arinkomei)씨

부부가 같은 카드를 한 장씩 일괄 관리할 수 있고 포인트도 적립

라쿠텐 카드를 부부가 1장씩 가지고 있습니다. 가족 카드라서 일괄 결제되는 것이 편리. 보험이나 휴대전화 요금, 일용품을 한꺼번에 살 때 사용하는데 카드를 썼으면 그만큼의 현금을 결제 계좌에 입금합니다. 포인트를 모으는 것은 좋지만 그렇다고 너무 많이 쓰지 않도록 주의. 오락비는 가능한 현금으로 지불합니다.

hana(@hana.ienote)씨

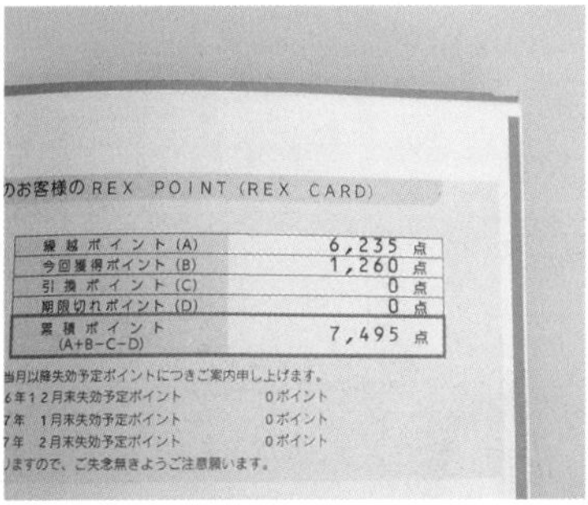

포인트 적립률이 높은 카드 쓰기

신용카드는 전부 3장 있지만 포인트 적립이 1.5%인 카드를 메인으로 사용. 식비나 일용품 지출 이외의 대부분을 신용카드로 지불해서 포인트가 가능한 많이 쌓이도록 합니다. 부여된 포인트는 카드 결제 대금으로 쓸 수 있기 때문에 절약할 수 있어요.

Housing Loan

nozo(@noz__ie)씨

주택 대출 갈아타기로 연간 17만 엔 줄이기

사실 식비를 아무리 절약 해도 한계가 있지요. 그래서 주택 대출 갈아타기를 검토해 연간 17만 엔을 줄였어요. 지금까지 지역 은행의 변동 금리를 적용받았지만 온라인 은행은 같은 변동 금리라도 놀랄 만큼 저금리. 보통은 수수료가 들지만 무료인 은행을 발견해서 실속 있게 대출을 받을 수 있었습니다.

Kitchen

nozo(@noz__ie)씨

식기세척기 사용으로 시간 단축 및 절약 생활

식기세척기의 전기 요금이 신경 쓰여서 꼼꼼하게 알아보니 낮시간이라도 한번에 6엔 정도. 건조시키는 전기 요금이 높기 때문에 설거지가 끝났으면 바로 문을 열고 증기를 날려줍니다. 수도 요금도 식기세척기에 비해서 손 설거지는 10배 정도 더 든다는 통계도 있습니다. 편하면서 비용까지 절약할 수 있다니 망설임없이 구입했습니다.

아유미(@ayumi._201)씨

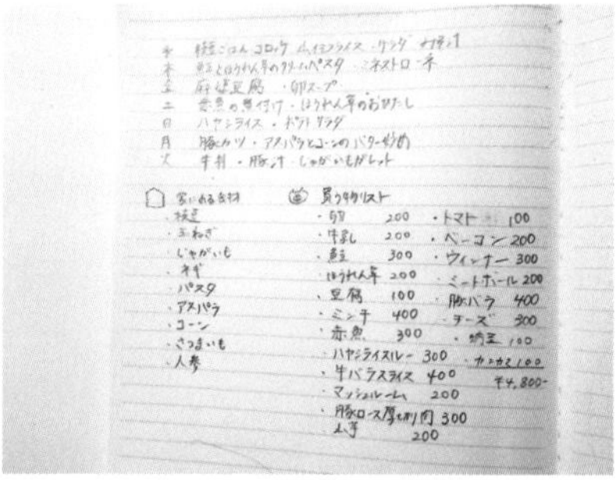

식단과 장보기 목록 재고 체크로 낭비 줄이기

장보기는 주 1회, 예산 5,000엔입니다. 식단과 장보기 목록을 작성하고 집에 있는 식재료도 체크해둡니다. 목록은 마트 진열 순서로 기입. 우선 정육 코너의 이른 아침 반액 세일을 노립니다. 계산하기 전에 쓸데없는 물건은 없는지 최종 체크.

yu(@yuu___425) 씨

택배 주문으로 과소비 방지

아이와 함께 장을 보는 것은 보통일이 아닙니다. 그래서 생협의 택배 주문을 활용하는 편입니다. 일주일에 6000엔을 예산으로 잡고 예산이 초과되면 다시 한 번 검토해서 살 물건을 엄선합니다. 마트보다 조금 비싸지만 집에서 차분히 계산할 수 있는 택배 주문 쪽이 오히려 절약이 되는 것 같습니다.

Internet

nozo(@noz__ie)씨

2년마다 검토하여 통신사 바꾸기

휴대전화와 인터넷은 2년마다 재검토. 2년 전에는 부부 합산 1만 5000엔 정도였던 통신비가 통신사를 바꿨더니 3분의 1정도로 줄었습니다. 할인기간이 2년으로 설정되어 있는 경우가 대부분이므로 다소 귀찮더라도 그 타이밍에 검토하여 다른 통신사로 이동합니다.

ayaco(@a_kurashi_note) 씨

대형 통신사에서 알뜰폰으로 바꿨더니 매월 요금이 반액 이하

대형 통신사를 이용하다가 작년부터 알뜰폰으로 바꿨습니다. 전에는 매달 기본요금에 더해 가족 각각 8,000~9,000엔이 청구되었어요. 그래서 각 통신사의 요금제 등을 검토. 알뜰폰으로 변경했더니 요금이 매월 3,000엔 이하로 떨어졌습니다. 통화 품질은 동일하게 누리면서도 1년에 약 7만 엔이나 절약할 수 있었습니다.

Clothes

오바나 미나코 씨

옷은 옷장에 들어갈 만큼만 보이는 수납으로 낭비 줄이기

사계절 옷과 액세서리를 전부 한눈에 볼 수 있도록 수납. 옷 수량의 상한선을 정해두면 많이 구입하는데 따른 낭비를 없앨 수 있습니다. 코디가 쉬워져서 시간 단축으로 이어지니 일석이조. 같은 방법으로 아이옷도 반소매, 긴소매, 겉옷, 바지 등 각각 5개씩을 상한선을 정하고 옷장에 들어가는 만큼만 유지.

Plan

nozo(@noz__ie)씨

일 년에 한 번, 부부가 예산 결산 회의

매년 말 부부가 함께 가계부 회의를 하는 것이 우리 집 연례 행사. 몇 년 전에 써놓은 가족구성원 전체의 미래 지출 예정 시트를 보면서 저축계획을 짭니다. 부부가 함께 돈의 흐름을 파악하면 쓸데없는 소비를 막을 수 있습니다. 현재 저축액과 다음 목표액도 이 시간에 명확하게 결정하고 노력합니다. 너무 세세하게 관리하는 것은 힘들기 때문에 일 년에 한 번만 이렇게 회의를 하면 매달 완벽하게 체크하지 않아도 저축이 가능합니다. 이 회의로 정해진 지출에 대해서는 예산 내에서 아끼지 않고 돈을 사용하고 그 이외의 낭비는 하지 않도록. 여행이나 큰 쇼핑 계획도 논의합니다.

Wallet

마루코 씨

지갑에 최소한의 물건만 넣고 간편하게 외출

지갑엔 현관 열쇠, 면허증, 신용카드 1장, 지폐만 넣습니다. 잔돈은 거의 가지고 다니지 않습니다. 포인트 카드도 휴대전화 앱을 활용합니다. 가능한 신용카드로 지불해서 포인트를 적립합니다. 작은 지갑으로 바꾸면서 영수증도 자주 정리하게 되었어요. 지갑에 구애받지 않고 가방을 고를 수 있고 그냥 주머니에 넣고 빈손으로 외출할 수 있습니다.

column 2

나의 절약 원칙 4

by 오바나 미나코 씨

1

신용카드로 지불했으면 같은 금액을 결제계좌로 입금

신용카드를 사용할 때마다 같은 금액의 현금을 지갑에서 꺼내두었다가 나중에 결제 계좌로 입금합니다. 현금을 조금 더 많이 꺼내는 것이 포인트. 예를 들어 카드로 산 금액이 8700엔이라면 9000엔을 계좌에 넣는 것이지요. 티끌 모아 태산, 돈이 모입니다.

2

식재료당 상한금액을 미리 정해둔다

생선은 한 조각 당 100엔, 고기는 100g 당 40엔 등, 상한금액을 정해둡니다. 닭가슴살, 연어, 청어는 가격이 싼 편이라 자주 이용합니다. 이런 재료로 요리를 하면 아끼려고 너무 애쓰지 않아도 식비가 자연스럽게 줄어요.

3

싼 조미료는 NG. 예산 내에서 몸에 좋은 것으로 고른다

조미료는 싼 가격에 집착하지 않습니다. 첨가물이 가득 들어간 싸구려는 사지 않습니다. 하지만 완벽한 무첨가를 고집하다보면 가격대가 너무 올라가기 때문에 예산 범위에서 첨가물이 가능한 적게 들어간 것을 고릅니다.

4

충동구매를 하기 쉬운 회원제 마트에는 가지 않는다

무심결에 많은 물건을 사게 되는 회원제 마트. 이용한 달에는 지출이 갑자기 늘어서 예산 관리가 어렵습니다. 양이 너무 많아서 질리고 끝까지 못 쓰는 경우가 많아 식재료를 낭비하는 원인이 되기도 합니다.

Family Budger Management ❸ | 봉투 나누기

ichigo(@pokapokaichigo)씨

색깔별 6개의 항목으로 봉투 나누기 취미용 예산도 확보

컬러 슬라이드 지퍼 백으로 봉투 나누기 가계부를 실천하고 있습니다. 항목은 ①식비, ②일용품 · 의류 · 미용, ③의료, ④교류 · 레저 · 인테리어, ⑤교육 · 업무 ⑥특별 · 일시 지출. 부부 공통의 취미인 인테리어 항목을 설정하여 절약과 즐거움을 함께 누리고 있습니다. 맨 밑에 있는 파랑색 케이스에는 신용카드로 지불했을 때 그 금액만큼을 현금으로 넣어둡니다.

생활비는 일주일치씩 봉투에

급여가 들어오면 자동 이체할 것 이외의 현금은 인출하여 ①생활비, ②외출비, ③광열비 등 고정비와 ④주택대출상환, ⑤저축으로 나눕니다. 생활비는 일주일치씩. 그 예산 안에서만 꾸려나가면 되므로 세세한 관리가 서툰 저에게 잘 맞습니다. 매월 정기 지출은 정해져 있어 대략 어느 정도로 생활하면 되는지 파악할 수 있게 되었습니다.

yuri(@yu.ha0314)씨

nozo(@noz__ie)씨

1일치 예산을 클리어파일 1페이지에 넣어둔다

클리어파일로 관리. 식비와 일용품, 의류비, 주유비 등의 합계를 30일로 나눠서 1일당 쓸 수 있는 금액을 정합니다. 클리어파일 1페이지에 하루치 예산을 담아두고 매일 지갑으로 옮깁니다. 현금은 전부 천 엔 권으로. 한꺼번에 물건을 살 때는 며칠 치를 꺼내서 사용합니다. 이렇게 하니 페이스를 지켜가면서 지출하게 되어 월급날 전에도 빠듯하게 생활할 필요가 없어졌습니다.

구미(@kuuumiii1015)씨

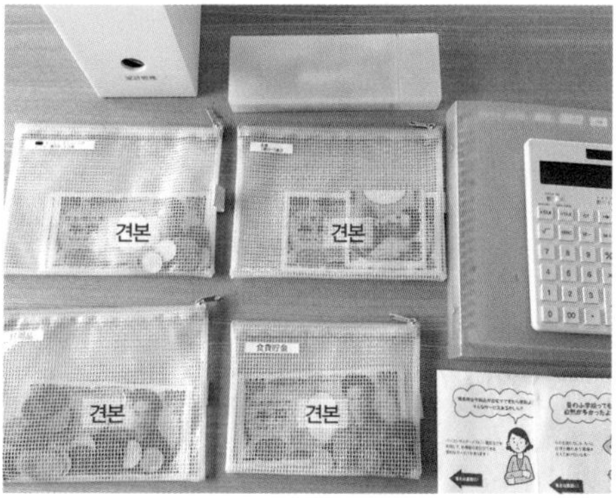

봉투에 나눠서 관리하면 가계부 작성을 잊어버려도 OK.

잔액이 보이는 반투명 케이스에 ①식비, ②일용품, ③대량구매를 통해 절약한 금액을 넣어두는 식비저축, ④레저와 주유비 등 4개로 봉투를 나눕니다. 고정비는 급여 입금계좌에서 결제 전용 계좌로 옮깁니다. 입금 전용 계좌에 남은 금액을 자동적으로 저축하는 시스템. 월초에 봉투 나누기를 해놓으면 가계부를 정확하게 쓰지 않아도 예산을 초과할 걱정이 없습니다.

일주일 분씩 봉투에 나눠넣고 남은 돈은 특별비로 적립

일주일치 식비와 잡비를 봉투에 나눠넣습니다. 그 외에도 반려동물 관련 비용으로 매월 사료값과 화장실 시트 비용 등을 별도로 봉투에 담아둡니다. 오른쪽 안쪽에 있는 검정색 지갑은 특별비. 그 주의 식비가 남으면 다음 주로 이월시키지 않고 특별비로 돌립니다. 이 특별비는 소소한 지출(남편의 회식비, 갑작스런 의료비, 오락비 등)에 사용합니다.

아린코(@arinkomei)씨

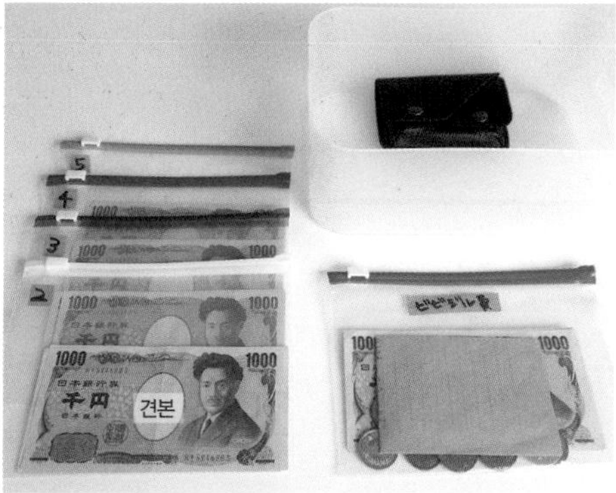

ayaco(@a_kurashi_note) 씨

월 단위로 봉투 나누기 지폐는 전부 천 엔 권으로 준비

생활비는 전부 천 엔 권으로 바꿔서 미니 포켓 파일에 나눠넣습니다. 일용품, 광열비, 육아비로 나눴습니다. 일주일 간 얼마라는 식의 예산을 정하지 않고 월 단위 금액으로 관리. 돈을 쓸 때는 파일에서 지갑으로 옮겼다가 거스름돈을 다시 넣는 방법입니다. 무슨 일이 생겼을 때를 대비해서 예비비(월 5만 엔)도 모으고 있습니다.

nozo(@noz__ie)씨

8년 전부터 가계와 별개로 주식을 운용

자금 10만 엔으로 시작. 투자 세미나를 듣기도 하고 증권사 콜센터에서 일도 하면서 스스로 공부했습니다. 주식의 폭락도 경험한 끝에 이젠 연간 5~20% 수익을 내게 되었어요. 투자금은 가계나 저축과는 별도로 관리할 것, 투자로 늘린 돈은 인출하지 않고 재투자할 것, 시세에 흔들리지 않는 강한 정신력을 키울 것을 원칙으로 합니다.

nozo(@noz__ie)씨

안 쓰는 물건은 프리마켓 활용하여 정리

사용하지 않는 것은 프리마켓 앱으로 판매하여 용돈을 모읍니다. 작아진 아이옷, 시기가 지난 육아용품, 자주 입지 않는 제 옷, 사긴 했지만 결국은 사용하지 않는 잡화 등을 파는 경우가 많습니다. 하나하나의 금액은 얼마 안 되지만 재활용센터보다 더 비싸게 팔 수 있고 필요 없는 물건을 돈으로 바꿀 수 있는 기쁨도 느낄 수 있습니다.

아유미(@ayumi._.201)씨

고향 납세를 통해 받은 상품권으로 외식을 즐긴다

작년부터 시작한 고향 납세. 포인트까지 적립되는 라쿠텐을 통해서 해봤습니다. 유통기한이 짧은 것은 기한 안에 소비하기 힘들 수 있기 때문에 유통기한이 없는 상품권이나 쌀을 선택합니다. 이것으로 외식을 즐기기기도 합니다.

*고향 납세 : 일본에서 2008년 시행. 응원하고픈 지방자치 단체에 기부한 금액에서 2,000엔을 빼고 소득세와 주민세액을 공제해주는 제도.

마루코 씨

책장 정리 후 택배 매입으로 현금화

책장이 꽉 차지 않도록 정기적으로 관리하고 있습니다. 그냥 버리기엔 아깝기 때문에 택배 매입을 이용하여 현금화. 직접 중고서점으로 들고 가는 것은 무겁고 시간이 걸리지만 택배를 이용하면 편하게 해결. 매입 가격은 20권을 보내도 몇 천엔 정도지만 조금이라도 돈으로 바꿔서 또 새로운 책을 즐길 수 있습니다.

column
3

가구와 가전 관리

>>> hana(@hana.ienote)씨

가구의 도장 상태에 따라 손질 방법도 다르게

우레탄 도장 원목테이블은 중성세제를 천에 묻힌 다음, 꽉 짜서 닦아줍니다. 또 오일 마감된 옷장은 전용 오일로, 비누 마감된 의자는 미지근한 물에 비누를 녹여서 사용합니다.

>>> yuri(@yu.ha0314)씨

원목 가구는 머치슨흄(murchison-Hume)

머치슨흄의 가구 세정제로 한 달에 한번 닦아줍니다. 양털 먼지털이로 먼지를 제거하고 나서 닦아주면 광택이 되살아납니다. 닦은 자국이 남지 않도록 밝은 시간대에 청소합니다.

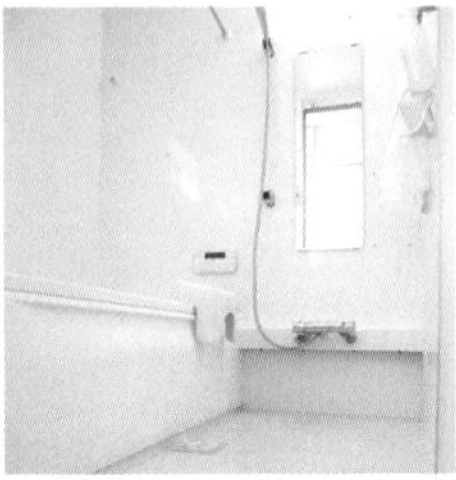

>>> 아린코(@arinkomeil)씨

물때는 가정용 클린저로 정기 관리

욕실 수도꼭지, 수건걸이, 거울 등의 물때가 신경 쓰일 때는 가정용 클린저인 하이홈을 사용합니다. 물에 약간 적신 스펀지에 하이홈을 묻혀서 닦기만 하면 끝.

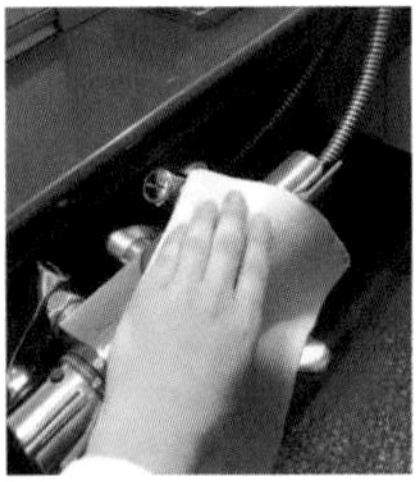

>>> 오바나 미나코 씨

욕실 곰팡이 방지에 천연펄프 행주

습기가 많은 욕실은 곰팡이가 생기기 쉬운 장소. 뛰어난 흡수성으로 구석구석의 물기까지 제거되는 천연펄프 행주를 사용했더니 곰팡이와 석회 때가 확 줄어들었어요.

>>> 토모 씨

테이블은 사포질과 밀납 크림으로 관리

더러워진 부분에 사포질을 한 다음, 찌꺼기를 조심스럽게 제거하고 왁스를 바릅니다. 친환경적인 오야마제재(尾山製材)목공용 밀납 크림을 애용 중. 마지막으로 마른걸레질을 하면 완료입니다.

>>> nozo(@noz__ie)씨

세탁조 청소에는 산소계표백제를 사용

임신을 하면서 화학성분이 들어있지 않아 안심인 산소계표백제로 바꿨습니다. 주방 소품에도 사용할 수 있어 마음에 듭니다.

CHAPTER

03

시간 관리 아이디어

구미(@kuuumiii1015)씨

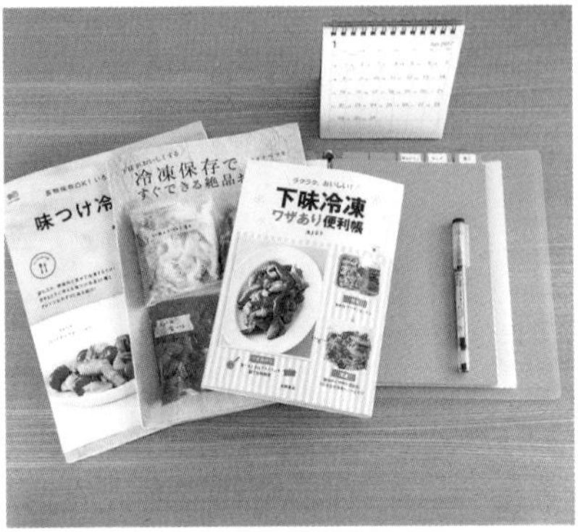

일주일 분 주요리를 밑간해서 냉동

한꺼번에 많은 장을 본 날이나 그 전날, 장보기 목록과 식단표를 만듭니다. 일주일치 주요리만이므로 걸리는 시간은 15분 정도. 요리책을 참고하여 대강 밑간한 다음, 냉동합니다. 밑반찬이나 도시락 반찬용으로 쓰고 싶은 재료가 있으면 메모에 추가합니다.

erika(@penta_room)씨

직접 만든 식단표에 일주일 식단을 적어놓는다

요리가 서툴러 일주일분 식단을 먼저 정한 후에 장을 보러 갑니다. 기본적으로 밥+국 종류+주요리+반찬. 식단표 포맷은 직접 엑셀로 만들었어요. 귀여운 그림도 붙여 넣으면 의욕상승에 도움이 됩니다.

아유미(@ayumi._.201)씨

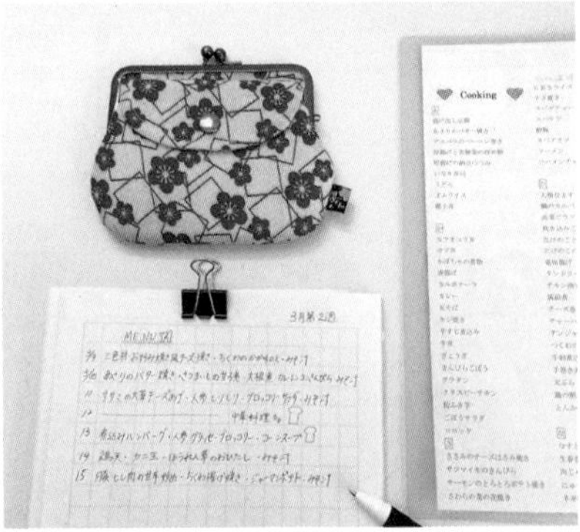

직접 만든 레시피 파일을 참고

가계 지출 중에서 식비는 제가 관리하는 항목. 직접 만든 레시피 파일을 참고해 매주 식단을 정합니다. 장보는 날은 힘들기 때문에 일품요리를 하는 등 상황에 따라 조절하고 있습니다.

emi(@emiyuto)씨

식단을 정해두면 영양과 식재료의 치우침 방지

주초에 식단을 생각해서 적어둡니다. 이렇게 한 번에 일주일치 식단을 정하면 식재료를 여러 요리에 사용할 수 있고 깜빡하고 빠뜨리는 경우도 없어집니다. 일주일 중 하루는 생선요리를 넣을 것, 일식과 양식의 균형을 맞출 것, 하지만 가능한 일식을 많이 준비하려고 노력합니다.

오오니시 유키(@yuki_00ns)씨

신선한 지역 채소를 한꺼번에 사서 미리 만들어 놓는다

식비는 조미료를 제외하고 일주일별로 예산을 세워서 관리. 그 중에서도 채소는 신선도가 중요하므로 매주 직매장에서 한꺼번에 구입한 후, 신선할 때 일주일분을 미리 만들어 둡니다. 직매장은 지역의 채소를 싸게 살 수 있어 무척 도움이 됩니다. 무농약이나 유기농 채소를 취급하는 채소 택배 서비스를 활용하기도 합니다.

조미료는 가능한 무첨가물로 구입하고 싶어서 별도의 예산을 배정. 인터넷으로 판매하는 겐코코무에서 한 달에 한번 모아서 주문. 마트에서 취급하지 않는 조미료도 많고 집까지 배달해주기 때문에 애용하고 있습니다.

아린코(@arinkomei)씨

냉동실 모습. 상단에는 튀기기만 하면 먹을 수 있는 닭튀김이나 생선 등을. 하단 안쪽에는 생협 등에서 구입한 냉동육류를 알아보기 쉽도록 세워서 수납. 앞쪽에는 쓰다 남은 것이나 냉동 채소.

안심할 수 있는 생협 식재료 중심. 가끔은 냉동 요리도 활용

딸이 어려서 안심하고 먹을 수 있는 생협을 이용합니다. 일본산 육류와 가공품 등을 중심으로 구입. 채소와 유제품은 마트에서 구입합니다. 또 외출로 인해 저녁을 만들 시간이 없을 때를 대비하여 냉동식품을 상비. 보통 순살 닭튀김이나 고등어조림. 이것들은 어디까지나 비상용으로 평소에는 쓰지 않습니다.

10년 전부터 요리는 미리 만들어두기 시작

매주 월요일에 만들어서 화, 수, 목요일에 다 먹습니다. 금요일은 미리 만들어두는 것이 어려운 튀김같은 메뉴를 준비합니다. 한꺼번에 주 요리 3종류, 반찬 8종류를 만들어둡니다. 마리네와 볶음류, 조림, 나물 등이 자주 등장합니다. 일본 된장국과 샐러드는 그날의 저녁에 준비. 주말엔 때때로 외식을 하기도 합니다.

오오니시 유키(@yuki_00ns)씨

emi(@emiyuto)씨

밑반찬 준비로 평일을 편리하게 주 요리는 밑간해서 냉동

쉬는 날이나 저녁시간이 넉넉한 날엔 밑반찬을 만들어둡니다. 퇴근 후에 집에 도착하면 5시 가까이 되는데 반찬이 몇 개라도 만들어져 있으면 편하답니다. 아이들에게도 더 따뜻하게 대하게 되는 것 같고요. 최근엔 주 요리를 밑간해서 냉동해둡니다. 맛이 깊이 스며들어서 짧은 시간에 맛있게 만들 수 있어요.

ayaco(@a_kurashi_note) 씨

일주일에 2번 채소 중심 반찬 만들기

30분 내로 저녁식사를 준비하는 것이 목표. 그래서 쉬는 날(일, 수요일)에 이틀 치 반찬을 만들어둡니다. 데치기만, 볶기만, 전자레인지에 돌리기만 할 수 있도록 준비합니다. 또 오븐에 넣기만 하는 것이 대부분이지요. 녹황색 채소와 담색 채소를 중심으로 반찬만 만들어둡니다. 이렇게 해 두면 평일 저녁 준비가 훨씬 편해집니다.

마루코 씨

주1회 만들어두기로 식비와 시간 절약

요리하기 귀찮은 날은 외식을 하기 쉽기 때문에 밑반찬을 만들어둡니다. 일주일에 한번 4~5개 정도지만 이것이 있는 것과 없는 것은 식비에 큰 차이가 납니다. 미리 만들어두는 음식은 곧 '요리저축'과 같아요. 저같은 요리가 서툰 사람에게 잘 맞는 방법이라고 생각합니다. 한꺼번에 조리하면 시간도 절약됩니다.

구미(@kuuumiii1015)씨

장보기 전 냉장고 체크는 필수!

장보기 목록을 작성할 땐 냉장고 안을 반드시 체크. 갑작스런 남편의 회식 등으로 밑간해서 냉동한 것이 남아있다면 다음 주 메뉴를 줄입니다. 이렇게 하면 낭비를 줄일 수 있습니다. 위 칸에는 밑간해서 냉동한 주 요리와 잘게 자른 파, 일본 된장국 건더기. 아래 칸은 식빵, 얼음, 냉동밥, 아이스팩, 도시락용 냉동식품으로 제자리를 정해두었습니다.

신선도 유지를 위해 구입 당일에 도시락용 반찬이나 저녁반찬 한 개가 될 만한 것을 조리. 이 정도가 3~4일분. 중간에 몇 종류의 반찬을 추가하여 일주일을 보냅니다. 국 종류는 매일 만들지 않고 이틀 정도 먹을 양을 만듭니다.

yu(@yuu___425) 씨

조림이나 된장국 넉넉하게 만들어두기

요리가 서툰 저에게는 미리 만들어놓는다는 것 자체가 부담입니다. 그래서 조림을 만들 때 약간 넉넉하게 만든다거나 채소로 후리카케를 만들거나, 된장국은 다음날 것까지 만드는 등 무리하지 않는 범위에서 실천합니다.

아유미(@ayumi._.201)씨

자르거나 데쳐만 둬도 매일매일이 편하다

집안일을 쉽게 하려면 시스템 만들기부터. 올해부터 반찬을 만들어두기 시작했습니다. 삶은 달걀과 샐러드, 찜, 무청 후리카케, 자른 파 등. 반찬이라고 할 수 없는 것도 있지만 잘라두거나 데쳐두기만 해도 정말 요리가 편해집니다.

도모 씨

밥을 짓는 것은 일주일에 2~3번. 남은 것은 냉동 보관. 어른용(파랑뚜껑)과 양이 적은 아이용(빨강뚜껑)으로 색을 나눠서 헷갈리지 않도록 합니다. 세리아에서 3개 세트로 샀습니다.

식재료 구입 후, 즉시 밑준비를 해두면 효율성 up

저녁 준비를 하는 시간은 30분 정도. 어떻게 해야 더 효율적으로 준비할 수 있을지 식재료와 만드는 법을 고민하고 있습니다. 대파와 유부처럼 자주 쓰는 식재료는 구입한 다음 바로 손질하고 잘라서 냉동해둡니다. 단호박은 속을 파낸 다음 잘라놓고, 고기도 소분해서 바로 냉동. 채소는 사용할 양보다 넉넉하게 자르거나 데치고, 남은 분량은 냉동 보관합니다.

오바나 미나코 씨

채소 밑처리는 위생팩에

시간이 있을 때 채소를 한꺼번에 잘라둡니다. 밀폐용기는 자리를 차지하고 씻고 말리는 것도 귀찮기 때문에 위생팩을 이용합니다. 사용 후에는 쓰레기 봉투로 쓰거나 욕실 배수구 청소에 활용합니다.

yu(@yuu___425) 씨

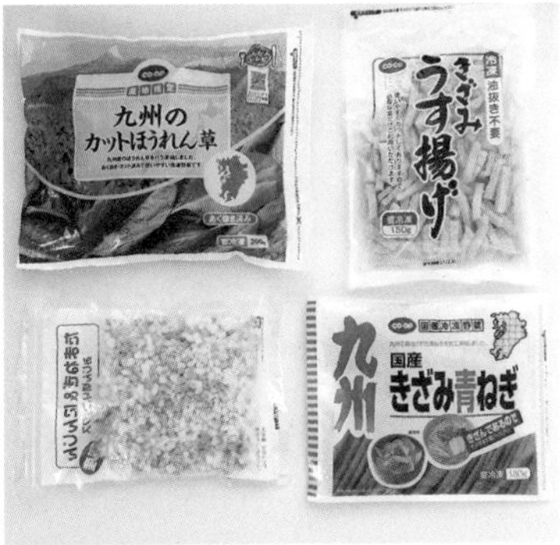

커팅된 냉동 식재료로 조리 시간 단축

냉동식품을 활용하고 있습니다. 모두 잘라져있는 타입이라 아주 편리합니다. 시금치는 전자레인지에 넣어 해동시킨 다음 설탕, 간장, 깨소금과 섞어주기만 하면 시금치 무침 완성. 유부도 그대로 찌개나 된장국에 넣습니다.

아린코(@arinkomei)씨

볶음밥용 냉동 야채믹스로 간단 햄버거 스테이크

만들기 어려울 것 같은 햄버거 스테이크. 하지만 볶음밥용 냉동야채믹스를 이용하면 밑준비는 간단합니다. 냉동 다짐육, 볶음밥용 냉동야채믹스를 보울에 넣은 다음, 자연해동. 거기에 조미료와 달걀, 빵가루를 섞기만 하면 끝. 잘게 다지는 귀찮은 작업이 생략되므로 마음에 여유가 생기고 그만큼 딸과 노는 시간을 만들 수 있습니다.

우리 집 인기 메뉴인 햄버거 스테이크. 남편과 딸이 모두 좋아하는 메뉴입니다. 정말 시간이 없을 때만 냉동식품을 사용하기로 정했지만 밑준비를 편하게 해주는 이 정도의 게으름은 스스로 눈감아주고 있습니다.

오오니시 유키(@yuki_00ns)씨

소형 핫플레이트 애용

BRUNO의 콤팩트 핫플레이트. 햄버거 스테이크나 전골, 리조토 등을 만듭니다. 빨리 만들 수 있고, 따뜻한 상태로 식탁에 낼 수 있어서 좋아요. 보통 핫플레이트보다 가벼워서 편리하게 사용하고 있습니다.

ayaco(@a_kurashi_note) 씨

도마를 꺼낼 필요 없는 주방 가위

시간 단축 요리에 꼭 필요한 분리가 가능한 주방 가위. 프라이팬 위에서 채소나 고기를 자를 수 있어서 요리 시간이 단축됩니다. 도마를 꺼낼 필요가 없어 설거지거리도 적어지니 일석이조.

kao(@kao_kurashi)씨

유자에 얼음설탕과 벌꿀을 넣어 유자차를 만들었어요. 잠시 숙성시켰다가 먹습니다. 최근에는 아이들과 함께 요리나 과자를 만들기도 합니다. 쿠키는 언제라도 만들 수 있게 생지를 넉넉하게 만든 다음 냉동시킵니다.

계절을 느낄 수 있어 행복한 주방일

저는 원래 요리를 좋아합니다. 그래서 바쁠 때는 어쩔 수 없지만 여유가 있을 때는 만드는 과정을 즐깁니다. 주방일 중에서도 계절을 느낄 수 있는 작업을 특별히 좋아합니다. 얼마 전에는 스타우브 냄비에 단팥죽을 끓였어요. 허리에 손을 얹고 보글보글 끓는 모습을 지켜보는 기쁨. 이렇게 시간을 들여 직접 만든 것은 특별히 더 맛있게 느껴진답니다. 매실주를 담그거나 금귤 꿀 조림을 만드는 것도 좋아합니다.

emi(@emiyuto)씨

직접 구운 빵으로 햄버거 만들기

집안일 중에서 비교적 좋아하는 것은 요리와 빵 굽기. 아이가 기뻐하는 모습을 보는 것이 즐겁습니다. 시간 여유가 있을 땐 햄버거를 직접 만들어봅니다. 오늘은 빵을 구워서 햄버거 런치. 1차 발효까지는 제빵기에 맡깁니다. 심플한 둥근 빵과 흰빵 등은 가끔 손 반죽으로 만들어요.

ayaco(@a_kurashi_note) 씨

매일 사용하는 조리 도구는 매달아서 수납

매일 쓰는 조리 도구는 몸을 숙이지 않아도 쉽게 꺼낼 수 있게 S자 고리에 걸어서 수납. 매일 사용하기 때문에 더러워지지 않지요. 청소와 정리가 모두 편해졌습니다. 현재 제일 많이 쓰는 것은 감자필러, 주방가위, 강판, 계량컵입니다.

아린코(@arinkomei)씨

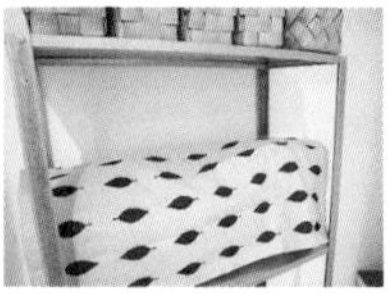

손님이 왔을 때는 천으로 덮어두면 깔끔. 얼마나 깨끗해 보이는지가 아니라 어떻게 하면 효율적으로 집안일을 할 수 있을지 먼저 생각합니다.

식재료는 감추지 말고 관리하기 쉽게

식품 재고관리는 팬트리에 IKEA 선반을 놓고 바구니에 담아서 보관. 자주 교체해야 하고 유통기간도 확인해야하므로 반투명 바구니에 담는 것이 포인트. 무엇이 저장되어 있는지 파악해두는 것이 중요합니다.

yu(@yuu___425) 씨

그릇의 물기는 키친타월 활용

설거지는 식기세척기로. 손 설거지를 할 때도 자연 건조로 말리므로 물기를 가볍게 닦는 정도입니다. 그래서 소독해야 하는 행주 대신 키친타월 한 장으로 충분. 가스레인지 주변 등 더러운 부분을 닦고 나서 버립니다.

erika(@penta_room)씨

카운터에서도 잡히는 위치에 커트러리 보관

주방은 보기에 좋은 것보다 사용하기 편한가에 무게를 두고 있습니다. 그래서 매일 꼭 쓰는 물건(커트러리류, 식칼, 주방가위)은 숨기지 않고 밖에 꺼내놓습니다.

아린코(@arinkomei)씨

식기장이 없으니 공간 절약

식기는 싱크대 아래 공간에 들어갈 만큼만 가지고 있기로 했습니다. 식기세척기 옆이라 동선도 딱 좋습니다. 현재 있는 수납공간을 최대한 활용하려고 합니다.

오바나 미나코 씨

식기는 최단거리에 있는 수납 장소에

사용빈도가 높은 그릇은 식기장 하단 공간에 수납하고 있어요. 맞은편에 있는 식기세척기에서 설거지가 끝났을 때 그대로 옮겨 넣을 수 있는 최단거리입니다. 아이들도 돕기 쉬운 구조입니다.

오바나 미나코 씨

유통기한이 잘 보이도록 정리

비상식량을 겸해서 저장해둔 통조림과 즉석식품, 유통기한을 넘기는 일이 없도록 마스킹테이프에 유통기한을 써서 바로 눈에 띄는 부분에 붙여둡니다. 통조림은 기간이 가장 많이 남은 것을 맨 아래쪽에 둡니다.

아린코(@arinkomei)씨

조미료는 사용빈도 순으로

서랍을 열 때마다 쓰러지는 것이 스트레스였던 조미료 레일. 세리아에서 사각상자 5개를 구입해 넣었더니 딱 맞습니다. 자주 쓰는 것을 앞쪽에 넣어둡니다.

오오니시 유키(@yuki_00ns)씨

식재료 넣는 자리를 정해놓는다

상단에는 차 종류와 우유 재고, 자질구레한 것을 담는 트레이를 놓습니다. 키가 작기 때문에 상단에 있는 것은 트레이째로 꺼낼 수 있게 하거나 안쪽으로 들어가 버리지 않는 음료 자리로 정했습니다. 중간에는 박스에 모은 버터&요구르트, 낫또, 캔맥주 등을 아랫단에는 된장이나 절임을 넣지만 왼쪽 공간은 밑반찬용으로 비워둡니다.

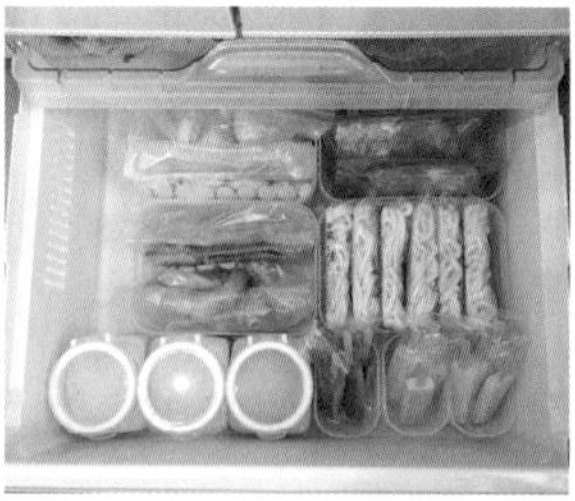

냉동실 하단의 모습. 도시락용 자반고등어, 소분한 돼지고기, 밑간을 한 닭고기, 우동이 들어있어요. 앞쪽에 있는 보관용기의 내용물은 밀가루, 녹말가루, 빵가루. 냉장고에 넣는 것보다 꺼내기 쉽습니다.

emi(@emiyuto)씨

종류별로 나눠 박스에 담는다

한눈에 무엇이 어디에 있는지 알아보기 쉽도록 정리. 조미료류, 빵용(잼, 버터 등), 유제품, 도시락 재료, 약 종류는 박스에 모아서 수납합니다. 필요할 때 박스째 꺼낼 수 있어 편리. 맨 아랫단은 마요네즈와 케첩, 밀폐용기에 넣은 강력분과 박력분, 커피원두. 왼쪽의 노다호로 법랑용기에는 일본된장이 들어있습니다.

냉동실 오른쪽 밑에 우유팩은 음식물쓰레기통으로 씁니다. 음식물 쓰레기는 냉동해서 냄새를 차단.

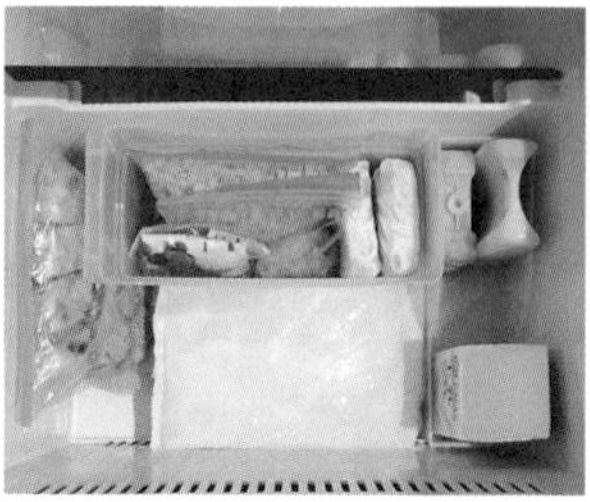

ichigo(@pokapokaichigo)씨

내용물 확인하기 쉽도록 유리 보존용기 사용

밑반찬용 용기는 속이 보이는 유리 용기를 사용. 낫또 포장은 넣기 전에 벗겨내고 수납. 어디에 무엇이 얼마만큼 있는지를 한눈에 알 수 있으면 냉장고문을 열고 있는 시간이 짧아져서 에너지 절약으로 연결. 냄비나 도시락 통을 그대로 넣을 수 있는 공간도 확보해서 옮겨 담는 수고를 줄입니다.

아유미(@ayumi._.201)씨

자주 쓰는 조미료는 냉장고 도어포켓에

구역을 나눠서 정리합니다. 사용 빈도가 높은 간장, 청주, 맛술 등의 조미료는 식재료를 꺼낼 때 같이 꺼내기 쉽도록 도어 포켓에. 위 칸에는 가루류, 중간에는 트레이에 도시락 세트, 하단은 채소, 가장 밑에 있는 서랍에는 그 외의 조미료를. 주 1회 청소와 재고 체크로 전체를 파악.

hana(@hana.ienote)씨

내용물에 따라 보관 용기도 변경

냉장고용 보관용기는 노다호로의 법랑과 스마트플랩(SMART FLAP)으로 통일했습니다. 법랑에는 카레나 스튜 등 유분이 많은 요리를 보관. 설거지를 할 때 기름이 바로 제거되므로 편리해요. 나머지는 스마트 플랩에 넣어서 보관. 투명해서 내용물을 전부 알 수 있는 것이 마음에 듭니다.

Time Management ❶ | 요리 주방 청소 아이디어 ①

아린코(@arinkomei)씨

가스레인지는 알코올 제균으로 매일 밤 리셋

주방의 가스레인지 주변 등은 매일 밤마다 알코올 제균 스프레이를 뿌리고 행주로 닦아내서 제균합니다. 제임스 마틴(JAMES MARTIN)의 알코올 제균 스프레이가 마음에 들어요. 닦을 때 쓰는 행주는 낡은 행주를 활용하고 일부러 새 것을 사지 않습니다. 무인양품의 키친클로스를 애용합니다. 환기팬 망 등은 식기와 함께 식기세척기에 넣어버립니다.

싱크볼도 마찬가지로 매일 밤 리셋. 스테인리스라 흠집이 눈에 잘 띄기 때문에 클린저를 쓰지 않고 식기용 세제와 싱크대용 스펀지로 깨끗하게 닦아줍니다. 세제를 씻어내고 물기도 깔끔하게 닦아 냅니다.

nozo(@noz__ie)씨

규조토 식기건조매트에 커트러리 건조

설거지한 커트러리가 식기건조대에서 떨어지거나 잘 마르지 않는 것이 작은 스트레스였습니다. 최종적으로 선택한 것은 soil의 규조토 식기건조매트. 평평하고 주방 상판과 같은 계열의 색이라서 거슬리지 않습니다. 그리고 빨리 말라서 편리합니다.

yuri(@yu.ha0314) 씨

세제가 필요없는 마이크로 화이버 행주

매일 밤 주방을 가장 깔끔한 상태로 리셋하고 있습니다. MQ-Duotex의 마이크로 화이버 행주는 무척 우수한 상품입니다. 수전과 가스레인지 등을 세제 없이 그냥 닦기만 해도 반짝반짝해집니다. 물만으로 오염이 제거되고 닦은 자국도 생기지 않아 편리.

yu(@yuu___425) 씨

삼각코너 바스켓 대신 다용도 에코홀더

전에는 싱크대에 삼각코너 바스켓을 놓았지만 금방 더러워지는 것이 스트레스. 그래서 타워(tower)다용도 에코홀더에 비닐봉지를 걸어두었더니 쓰레기도 버리기 쉽고 편리. 안 쓸 때는 접어둘 수 있어 공간을 절약할 수 있습니다.

ichigo(@pokapokaichigo)

개수대 바구니를 없앤다

개수대 바구니, 스펀지랙은 자꾸 물때가 끼는데다가 청소가 어려워서 철거. 설거지는 거의 식기세척기를 사용하므로 식기 건조용으로는 타워(tower)시리즈의 안 쓸 땐 둘둘 말아놓을 수 있는 랙을 놓았습니다. 스펀지는 흡착판을 싱크 볼에 붙여둡니다.

kao(@kao_kurashi)씨

가스레인지 삼발이나 배수구 거름망도 식기세척기에서 세척

기계로 할 수 있는 일은 기계에게 맡깁니다. 삼발이, 스펀지랙, 배수구 거름망, 환풍기 팬까지 식기세척기로 한꺼번에 세척. 편한 것은 물론이고 칫솔로는 닿지 않던 팬 구석구석까지 반짝반짝해집니다.

아린코(@arinkomei)씨

주방매트 대신 목욕 수건

주방매트는 세탁할 때 부피가 커지고 말리기도 힘들어서 이케아의 목욕 수건을 주방매트 대신 사용. 이동도 편하고, 하루가 끝날 때 이 수건으로 바닥을 닦아서 리셋. 매일 쉽게 빨 수 있어서 만족입니다.

도구는 '청소하기 쉬운가'를 기준으로 고른다

커피와 홍차를 자주 마십니다. 하지만 커피메이커는 청소가 복잡하지요. 그래서 통째로 씻을 수 있고 수납도 쉬운 것으로 바꿨습니다. KINTO의 원터치 티팟과 칼리타(Kalita)의 도자기 드리퍼입니다. 티팟이지만 위에 드리퍼를 올릴 수 있습니다. 다 마신 후 설거지하기 정말 편해요.

마루코 씨

전기주전자는 콘센트가 있는 장소에서만 사용할 수 있는 것이 애로사항. 그래서 노다법랑 주전자로 교체. 가스 불에 올려놓아야 한다는 수고가 더해졌지만 공간 문제가 해결되었기 때문에 만족합니다.

Nami(@nami0015)씨

보관 용기는 통일해서 꺼내기 쉽고 청소도 편하게

자주 쓰는 가루류와 차 종류는 구입 후 바로 용기에 옮겨 담습니다. 한 번에 꺼낼 수 있고 내용물 확인도 간단. 청소도 하기 편해요. 원래 포장되어 있던 비닐은 보기 안 좋고 찾기 힘들어 이 형태로 통일했습니다. 카인즈 홈(Cainz Home)에서 구입.

kao(@kao_kurashi)씨

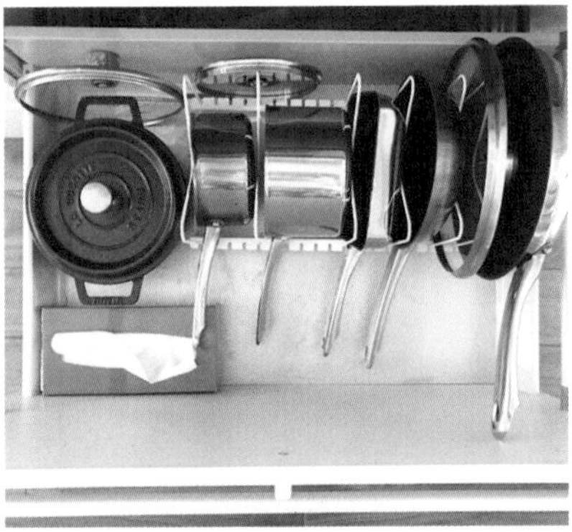

냄비는 관리하기 쉬운 불소 수지 가공

냄비와 프라이팬의 개수는 여기에 24cm의 큰 냄비를 플러스한 것이 베스트입니다. 대부분이 불소 수지 가공된 것. 마이어(MEYER)의 스타셰프 시리즈를 씁니다. 나머지는 헹켈 프라이팬, 스타우브 냄비. 모두 관리하기 쉬워요.

오바나 미나코 씨

튀김요리가 끝난 즉시 젖은 걸레로 가스레인지 주변에 튄 기름을 닦고 바닥도 닦아서 마무리합니다. 더러워졌을 때 바로 닦을 수 있도록 주방 상판 위에 자른 걸레용 천을 꺼내둡니다.

튀김 요리를 할 때는 주방용 오염 방지막 설치

가스레인지 안쪽의 배기구는 청소하기 힘든 곳. 가능한 더러워지지 않도록 튀김 요리를 하기 전에 주방용 오염방지막을 설치합니다. 식기세척기 사용이 가능한 것으로 골랐기 때문에 뒤처리도 간단. 안 쓸 때는 최단거리인 가스레인지 바로 밑에 수납합니다. 키친타월과 식용유 등, 튀김을 만들 때 필요한 모든 것을 여기에 전부 모아서 보관했다가 한꺼번에 꺼냅니다.

ichigo(@pokapokaichigo)씨

싱크대 배수구 거름망은 꺼내기 쉽게 수납

엉키기 쉬운 싱크대 배수구 거름망. 무인양품의 아크릴 탁상용 티슈상자에 넣어서 사용합니다. 깊이가 얕은 것이 딱 맞는 크기. 싱크대 앞에 놓아두면 설거지 후에 젖은 손으로도 1장씩 싹 꺼낼 수 있습니다.

구미(@kuuumiii1015)씨

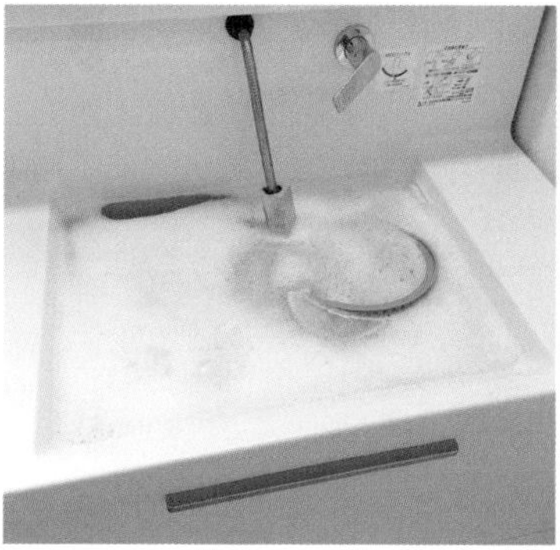

레인지후드는 두 달에 한번 닦기

레인지후드는 산소계표백제를 넣고 50도 전후의 뜨거운 물을 붓고 담가둡니다. 그 후 물로 헹구고 식기세척기에서 세척. 2개월에 한 번씩 작업합니다.

ayaco 씨

가족 : 남편, 아들(3세)
사는 곳 : 아파트
파트타이머(주 4일)
【인스타그램】 **a_kurashi_note**
https://www.instagram.com/a_kurashi_note/

남편과의 시간을 소중하게

평일 저녁은 미리 만들어둔 요리&식단을 사전에 정해 놓고 출근 전에 주방을 반드시 리셋합니다. 이렇게 하면 저녁에 집에 돌아오자마자 식사 준비를 시작할 수 있습니다. 한 접시 요리로 설거지를 줄이는 것도 좋은 아이디어. 소중하게 생각하는 것은 남편과 보내는 시간. 자기 전 30분은 대화시간을 만들고 집에서 카페분위기를 즐깁니다. 아이가 아직 어리기 때문에 조미료나 위생용품은 좋은 것을 씁니다 .다소 비싸도 안전한 것을 고르려고 합니다. 반대로 아끼고 싶은 부분은 광열비. 서큘레이터를 활용하거나 목욕물 재활용세탁 등을 하고 있습니다.

아유미 씨

가족 : 남편, 딸(4세)
사는 곳 : 아파트
파트타이머(주 2~3일)
【인스타그램】 **ayumi._.201**
https://www.instagram.com/ayumi._.201/

집안일 조금씩 미리 해두기

꼭 해야만 하는 일은 미리 해두어 여유있게 집안일을 하고 싶습니다. 그렇다고는 해도 매일하는 것은 힘든 일. 완벽하지 않아도 괜찮으니 신경 쓰이는 부분은 가능한 바로 청소하는 것이 원칙. 시간을 쓰고 싶은 않은 설거지 등의 주방일은 타이머로 끝낼 시간을 설정하고 제한시간 안에 끝내도록 합니다. 그래서 타이머는 우리 집에 꼭 필요한 존재랍니다. 또 하나는 앞치마. 입는 순간 게으름 방지, 의욕 스위치가 켜집니다.
매일 정리 시간과 물건 찾는 시간을 없애기 위해서 수납 장소 만들기에 시간을 아끼지 않습니다. 모든 물건의 수납 위치를 정확하게 정하고 잘 지켜지지 않으면 이유를 즉시 검토하여 고칩니다.

아린코 씨

가족 : 남편, 딸(4세)
사는 곳 : 단독주택
주부
【인스타그램】 **arinkomei**
https://www.instagram.com/arinkomei/

집안일을 습관화해 시간과 동작의 낭비를 줄인다

집안일은 시간과의 승부. 습관화하여 움직입니다. 아침 식사를 한 후, 모든 방 청소기 돌리기 10분, 침대정리 3분, 화장실&세면대 청소를 5분 동안 마치고 화장 및 옷 입기. 청소기를 돌릴 때는 물티슈도 한 장 가지고 다니면서 먼지가 쌓이기 쉬운 걸레받이 등을 닦아줍니다. 하기 싫은 일은 나중으로 미루지 말고 먼저해버리면 하루를 기분 좋게 시작할 수 있습니다. 또 이 시간 외에도 매일 15분 정도 청소 시간을 확보하고 부지런히 하기 때문에 대청소가 필요 없을 정도. 가계관리는 식비, 일용품, 외식을 절제합니다. 특히 외출할 때는 마실 것을 지참해서 절약. 전기제품은 무인양품 물건으로 통일했습니다.

ichigo 씨

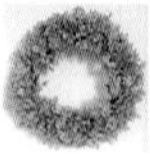

가족 : 남편
사는 곳 : 단독주택
【블로그】**포카포카 비요리**
http ://pokapoka-biyori.blog.jp/
【인스타그램】**pokapokaichigo**
https ://www.instagram.com/pokapokaichigo

타이머를 사용해서 집중 청소!

솔직히 쓱 봤을 때 깨끗해 보이면 된다고 생각. 청소는 가능한 힘들이지 않고 간단하게 끝내고 싶어요. 그래서 바닥에 물건을 놓지 않을 것, 어질러지지 않는 수납, 정리의 동선을 철저하게 파악하여 청소에 대한 접근 장벽을 낮추고 있어요. 먼지는 로봇청소기인 룸바에게 맡깁니다. 그 사이 저는 운동을 하거나 장을 보러갑니다. 또 스트레스를 받지 않을 정도의 '15분 청소'를 도입. 요일별로 장소를 정하고 타이머로 시간을 맞춰놓고 집중 청소! 매월 한번 하는 맛집 탐방과 부부 공통의 취미인 인테리어에는 예산을 여유있게 배당. 그만큼 옷에는 돈을 쓰지 않고 계절당 10개로 지내고 있습니다.

emi 씨

가족 : 남편, 아들(12세), (딸(9세)
사는 곳 : 단독주택
파트타이머(주3일)
【인스타그램】**emiyuto**
https://www.instagram.com/emiyuto/

매일 자기 전에 집안 정돈하기

집안일을 습관화하고 생각났을 때 바로 하는 것이 방침. 이렇게 하면 청소가 쉬워집니다. 출근 전과 취침 전에는 집안일을 반드시 리셋. 아침에는 밤에 세탁해서 말린 세탁물을 정리하고 욕실 청소를 합니다. 잠들기 전에는 거실 등, 방을 깨끗하게. 정리 방법도 중요하지만 그저 깨끗하게 보이는 것이 중요한 것이 아니라 사용하기 편한 지를 생각합니다. 기본적으로 1상자당 1아이템. 상자의 내용물은 물건에 따라서 섞여있어도 개의치 않습니다. 사용할 장소에 놓여 있는 것이 중요하다고 생각합니다. 가계에 대해서도 무작정 절약하는 것이 아니라 가족의 라이프 플래닝이 중요. 앞으로 필요한 돈과 모아야할 저축액을 계산하고 현재 사용할 수 있는 돈의 현금흐름표를 만들고 있습니다.

erika 씨

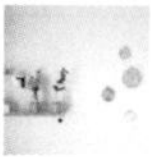

가족 : 남편, 아들(4세), 딸₩2세)
사는 곳 : 단독주택
파트타이머(주3일)
【인스타그램】**penta_room**
https://www.instagram.com/penta_room/

정리는 동작을 줄일 수 있는 방법을 고민

수납은 좋아하지만 집안일은 싫어합니다. 따라하고 싶지만 할 수 없는 일도 많기 때문에 '나에게 맞는 방법으로', '할 수 있는 범위만큼' 집안일을 하려고 합니다. 특히 지금은 어린아이가 둘이나 있기 때문에 깨끗하고 완벽하게 정리하는 것은 어려운 상황. 하지만 물건의 장소를 정해놓았더니 5살 아이도 장난감을 제자리에 정리할 수 있게 되었습니다. 가능한 동작을 줄이고 보기에 깔끔하면서 대충 넣는 방법도 고안.
가계관리는 너무 빈틈없이 하지 않을 것. 돈을 모으고 싶은 마음은 간절하지만 현실적으로 줄일 수 있는 부분을 찾는 것에서부터 시작합니다. 그달의 저축액은 반드시 달성하고 나머지는 절제하면서 사용합니다.

오오니시 유키 씨

가족 : 남편, 딸(12세, 3세)
사는 곳 : 단독주택
주부
【인스타그램】 **yuki_00ns**
https://www.instagram.com/yuki_00ns/

좋아하는 향으로 즐겁게 청소하기

집안일은 쉽게 넘어가는 적이 없지만 매일하는 살림을 즐길 수 있도록 주방 아이템이나 세제는 원하는 것을 고집합니다. 베이킹소다와 구연산도 괜찮지만 머치슨 흄 등 좋아하는 향을 구입해서 즐겁게 청소하고 싶어요. 물건은 가능한 적게, 마음에 드는 것만 엄선해서 둡니다. 그래서 물건을 구입하기 위해 1년을 고민하는 경우도 있습니다. 수납용품이나 가구도 금방 소모되는 싸구려를 사지 않고 돈과 시간을 들여서 깊이 생각합니다.

오바나 미나코 씨

가족 : 남편, 딸(13세, 8세)
사는 곳 : 아파트
라이프오거나이저
【블로그】 **가족 모두가 함께 정리 즐거운 수납, 즐거운 살림**
https://ameblo.jp/mina-kos375

가족과 함께 집안일을 효율화

집안일의 시간 단축을 위해 가장 힘쓰고 있는 것은 청소. 간단하고 빨리 끝내면 남은 시간을 효율적으로 사용할 수 있습니다. 오염을 발견하거나 생각이 났을 때 바로 청소에 돌입할 수 있도록 청소 도구를 바로 가까이에. 또 집안일은 가족 누구나 할 수 있는 사람이 하면 된다고 생각합니다. 제 부담이 줄어 자유 시간이 늘면 가족을 향해 더 많이 웃을 수 있을 것입니다. 정리는 예쁘게 수납하는데 너무 집착하지 않는 것이 원칙. 보이는데 집착하기 보다 던져넣는 수납이나 한꺼번에 정리수납 등 정리가 서툰 남편과 큰딸도 함께 할 수 있는 방법을 모색합니다.

kao 씨

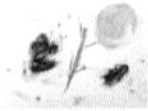

가족 : 남편, 딸(10세), 아들(5세)
사는 곳 : 단독주택
주부
【인스타그램】 **kao_kurashi**
https://www.instagram.com/kao_kurashi/

피곤할 때는 무리하지 않기

집안일은 기분 좋게 하는 것이 원칙. 몸과 마음이 지쳤을 때는 무리하지 않고 최소한으로. 느긋하게 쉬고 좋아하는 것으로 자신을 충전한 후에 움직이는 쪽이 효율성 있고 순조롭게 진행되는 것 같습니다. 좋아하는 음악이나 영화를 틀어놓고 집안일을 할 때도 있습니다. 또 세탁, 설거지 등 매일매일 끊임없이 반복되는 일에는 시간을 쓰고 싶지 않습니다. 건조기나 식기세척기를 유용하게 활용합니다. 반대로 매실주 담그기처럼 계절을 느낄 수 있는 주방일은 하고 싶은 일입니다.
수납용품 선택에는 저만의 기준이 있습니다. 정돈을 하면 일상이 훨씬 편해지는 것을 알게 되면서 돈을 쓰는 것만큼의 가치가 있다는 것을 실감. 단 충동적으로 구입하지 않도록 주의합니다.

hana(@hana.ienote)씨

소파 대신 러그

리빙 다이닝룸에는 물건이 쌓이기 쉽기 때문에 가지고 나온 물건은 각 방으로 다시 가져다 놓도록 신경을 씁니다. 거실에서 공부하는 아이들의 책가방과 교과서 등도 잠들기 전에는 각 방으로. 물건이 적으면 정리도 청소도 쉽습니다. 또 소파를 놓지 않고 러그만 깔아두는 것도 청소가 편해지는 비결입니다. 휴지통도 없습니다.

kao(@kao_kurashi)씨

다다미 방에는 기본적으로 아무것도 놓지 않는다

물건이 없는 공간은 당연한 이야기지만 청소가 정말 편해요. 거실과 연결된 일본식 방은 아이들의 공간이지만 장난감과 옷은 왼쪽에 있는 붙박이장 속에 전부 수납하고 평소에는 아무것도 꺼내놓지 않습니다.

오오니시 유키(@yuki_00ns)씨

마음에 쏙 드는 소중한 가구를 조금 놓는다

매일 아침 청소기를 돌릴 때, 물건이 적다는 것은 새삼 편하고 개운합니다. 저희 집의 거실에는 수납 가구를 놓지 않았습니다. 마음에 드는 최소한의 인테리어만 하고 리모컨 등 필요한 물건은 거실 테이블에 수납하고 있습니다. 또 높이가 있는 것은 방이 좁아 보이므로 가구 높이도 세심하게 따집니다.

kao(@kao_kurashi)씨

휴지통부터 관엽식물까지 어디에든 바퀴를 달아준다

집안 이곳저곳에서 바퀴를 활용합니다. 청소할 때에 쉽게 이동 시킬 수 있어 무척 편리해요. 휴지통, 의류케이스, 관엽식물 화분에도 바퀴를 활용합니다. 또 장난감 수납함에 바퀴를 달면 아이들도 간단하게 정리할 수 있습니다. 휴지통과 의류케이스는 무인양품에서 구매.

아린코(@arinkomei)씨

가구는 청소기가 들어갈 정도의 높이로

가구나 수납장을 살 때는 청소의 편리성을 고려합니다. 대부분 바퀴 달린 것을 고르지만 바퀴가 없는 것은 가구 다리 밑으로 청소기가 들어갈 공간이 확보되는지를 확인하여 선택합니다.

아유미(@ayumi._.201)씨

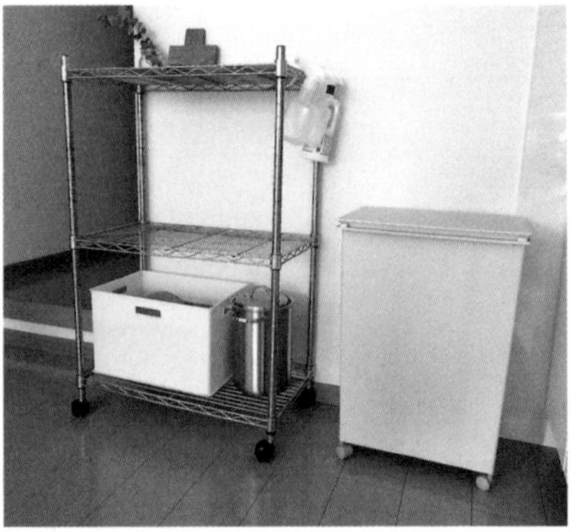

바퀴는 더러워지기 쉬운 주방에서 편리

주방 바닥은 더러워지기 쉬워서 자주 청소하고 싶은 곳. 철제랙과 무인양품의 휴지통에 바퀴를 달아서 이동하기 쉽도록 합니다. 이 외에 아이 방 옷장에도 바퀴가 달린 카트를 설치했습니다.

emi(@emiyuto)씨

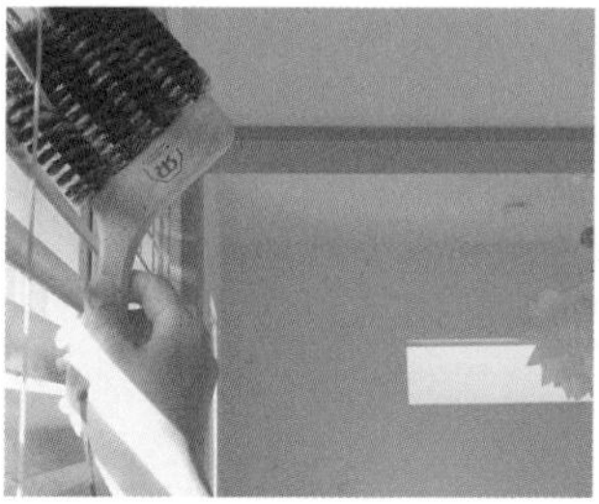

전부터 갖고 싶었던 레데카(REDECKER)의 브러쉬를 블라인드 청소용으로 구입. 블라인드는 손질하는 것이 꽤 어렵지만 좋아하는 물건과 함께라면 더 자주, 더 부지런히 청소를 할 수 있을 것 같아서 구입했어요.

마음에 드는 청소 도구를 갖추고 기분 좋게 청소

무인양품의 청소 도구와 마키타의 무선청소기. 로봇청소기인 룸바가 있기 때문에 마키타 청소기는 서브이지만 좁은 곳에서 방향을 바꿀 수 있어 유용합니다. 마키타 청소기는 거실옷장에, 핸디 자루 걸레는 팬트리에, 자루 걸레는 냉장고 옆에, 미니 빗자루 세트는 AV랙 옆에 후크를 달아서 보관합니다. 최적의 역할을 해낼 수 있는 장소에 수납하는 것입니다.

구미(@kuuumiii1015)씨

빨아 쓰는 키친타월은 하루에 한 장씩

스카치의 빨아쓰는 키친타월을 행주 대신 애용 중. 주로 싱크대 상판을 닦는데 사용하지만 쓰고 버릴 수 있다고 생각하니 이상하게 이곳저곳을 닦고 싶어집니다. 전자레인지 안, 테이블 아래, 주방 바닥 모두 이것으로 닦아요.

kao(@kao_kurashi)씨

싱크대 상판은 자주 닦아준다

로하코의 걸레를 싱크대 상판을 닦는 용으로. 더러워지면 바닥, 창문, 섀시, 환기팬, 휴지통 청소용으로 새까맣게 될 때까지 사용합니다. 향이 좋은 머치슨흄의 푸드 세이프(FOOD SAFE SURFACE)스프레이나 알칼리 전해수 스프레이와 함께 씁니다.

아유미(@ayumi._201)씨

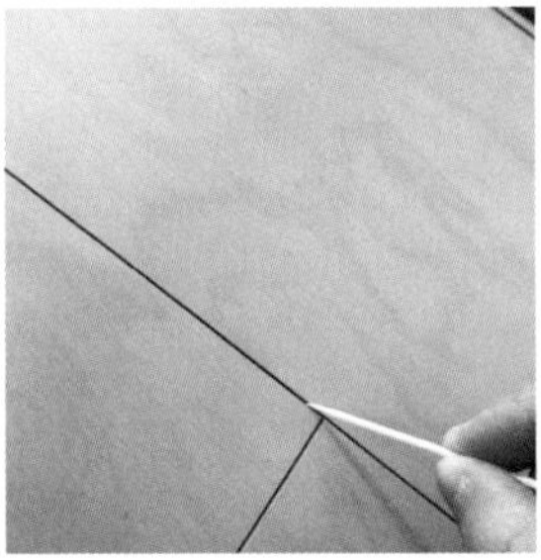

손이 안 닿는 부분은 면봉이나 이쑤시개를 이용

가전제품이나 마룻바닥의 틈새와 걸레받이 등 세세한 부분의 청소를 위한 몇 가지 아이디어. 마룻바닥 틈새는 이쑤시개, 세탁조와 섀시, 걸레받이에는 면봉, 블라인드에는 구멍 난 양말을 활용하고 있습니다. 전용 도구를 사야할 정도는 아니라고 판단, 집에 있는 것을 이용해서 어떻게든 해보고 싶다는 생각에서 시작했습니다. 세제도 안 묻히고 일주일에 한 번 정도 실행하지만 하는 것과 안하는 것은 큰 차이가 납니다.

ichigo(@pokapokaichigo)씨

콘센트 신경 쓸 필요없는 무선청소기

청소기는 마키타의 무선청소기를 사용합니다. 청소하면서 코드를 바꿔 끼워야 하는 번거로움 없이 계단같은 곳도 편하게 청소할 수 있습니다. 2층 거실 옷장에 보관. 옷장 안쪽에도 콘센트가 확보되어 있으므로 꺼내기 쉬운 위치에 충전기를 놓았습니다.

마루코 씨

빗자루로 바꿨더니 바닥 청소도 즐겁게

청소기 대신 무인양품의 빗자루를 쓰면서 바닥청소가 즐거워졌습니다. 집이 작아서 재빨리 청소를 마칠 수 있는 것이 편리. 소음이 없어 이른 아침이나 밤늦게라도 하고 싶을 때 바로 청소할 수 있는 것도 매력. 일주일에 한번은 자루걸레로 닦아줍니다.

도모 씨

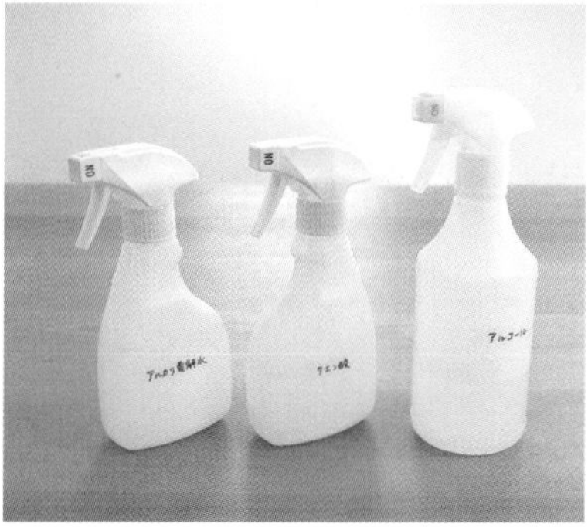

아이를 위해서 자연주의 클리닝을 실천

청소할 때는 친환경 세제를 사용합니다. 베이킹 소다는 욕실&주방, 구연산은 욕실&화장실, 과탄산나트륨은 불림세탁&식기세척기&세탁기&설거지에. 또 알칼리 전해수는 주방&바닥 등 알코올은 화장실&주방, 제균 소취에. 세탁세제, 섬유유연제, 샴푸&컨디셔너와 세안제 등은 다용도 농축세제로 바꿨습니다. 용도별로 구입했던 수고를 덜고 수납 공간도 차지하지 않아서 깔끔합니다.

Nami(@nami0015)씨

세제는 사용하는 장소에 한번에 꺼낼 수 있게 수납

욕실이나 세면대에서 사용하는 세제는 그 장소의 선반에 모아서 수납. 베이킹 소다, 구연산, 산소계표백제, 옥시크린, 하이홈입니다. 세면대에서 물에 녹인 다음, 바로 사용할 수 있도록 알아보기 쉽게 라벨을 붙여두었습니다.

nozo(@noz__ie)씨

세스퀴탄산소다와 구연산은 용기에 라벨링

세스퀴탄산소다와 구연산은 사용방법이 너무 많아서 외울 수가 없기 때문에 효과와 배합을 용기에 라벨링. 덕분에 '이런 오염은 이렇게'라고 매번 확인하면서 쓸 수 있어 활용 빈도가 높아졌습니다. 남편도 사용하기 편하다고 합니다.

kao(@kao_kurashi)씨

현관 청소를 위해 솔과 물티슈를 상비

저희 집은 화이트톤이라 흙먼지가 눈에 잘 띕니다. 특히 먼지가 쌓이기 쉬운 현관에는 바로 청소할 수 있도록 솔과 물티슈를 상비. 걸레받이에 쌓인 먼지를 털고 구석까지 깨끗하게 털어냅니다. 다음은 신발장 위, 우편함, 문, 바닥까지 물티슈로 닦고 새까매지면 버립니다. 물티슈는 뚜껑이 있는 것을 사용하는 것이 편해요. 평소에는 모두 신발장 안에 수납합니다.

yu(@yuu___425) 씨

쓰레기봉투는 휴지통 옆 바에 걸어서 수납

일주일에 몇 번씩 쓰레기봉투를 내놓습니다. 그런데 쓰레기를 모으는 것보다 쓰레기봉투를 휴지통에 끼우는 것이 너무 귀찮게 느껴졌어요. 그래서 어떻게 해야 편하게 교환할 수 있을 까 고민했지요. 그러던 어느 날, 휴지통 옆에 있는 바에 걸쳐두는 것이 가장 편하다는 것을 발견했습니다. 이제까지 서랍 안에 수납해서 꺼내기 힘들었던 45리터짜리 큰 봉투를 간단하게 꺼낼 수 있게 되었습니다.

오오니시 유키(@yuki_00ns)씨

세면실에 청소기 배치로 머리카락 치우기

청소는 로봇청소기와 다이슨과 마키타의 무선청소기 셋 다 사용. 마키타는 가볍기 때문에 세면실에 걸어 둡니다. 떨어진 머리카락 등을 바로 빨아들일 수 있어 개운해요.

오바나 미나코 씨

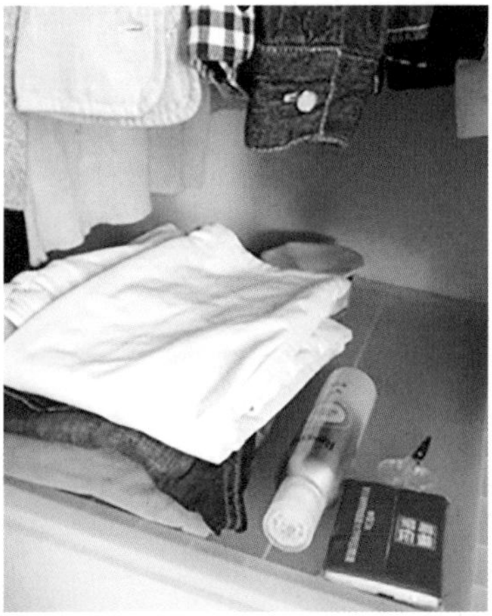

옷장의 솜 먼지는 티슈로

옷장은 옷에서 떨어진 솜 먼지가 쌓이기 쉬운 장소. 보이면 바로 닦을 수 있도록 포켓 티슈를 각 공간에 둡니다. 티슈로는 바닥의 세세한 틈까지 깔끔하게 청소할 수 있어서 편리해요.

오바나 미나코 씨

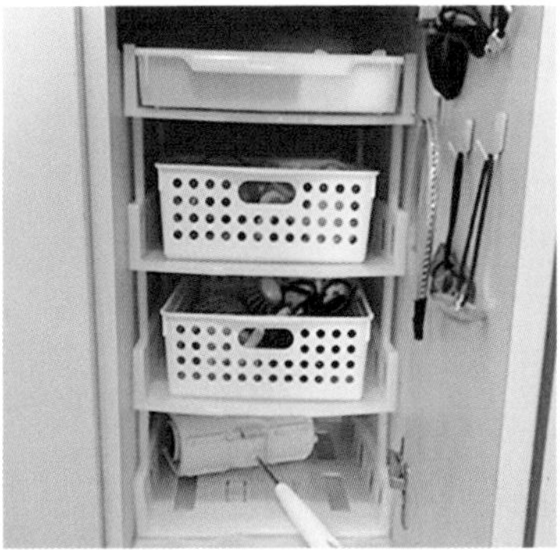

세면실에는 테이프 클리너를

드라이어를 사용한 후에는 테이프 클리너로 떨어진 머리카락을 깨끗하게 치우는 것이 우리 집 규칙. '귀찮음 방지'를 위해 드라이어 바로 옆에 있는 세면실 수납장 안에 테이프 클리너를 넣어둡니다.

구미(@kuuumiii1015)씨

커튼 고정 후크에 먼지떨이를 걸어둔다

먼지가 잘 쌓이는 텔레비전. 가까운 커튼 고정 후크에 먼지떨이를 걸어둡니다. 텔레비전을 보면서 싹싹 간단하게 청소를 할 수 있어서 편해요. 밖에 내놔도 괜찮은 디자인으로 구입합니다.

nozo(@noz__ie)씨

아침에 일어나면 바로 청소

아침 일찍 자루 걸레질을 할 수 있도록 계단 아래에 세팅해두고 잡니다. 일어난 그 길로 1층 바닥 전체를 자루걸레에 마른걸레를 끼워서 밀어줍니다. 이렇게 하면 누군가가 걸어서 2층으로 가져오기 전에 전날의 먼지를 차단할 수 있어요. 매일 아침 5분도 안 걸리는 이 작업으로 그날 하루의 최소한의 청소를 끝낼 수 있기 때문에 마음이 편해집니다.

아침에 일어나서 화장실에 갔을 때 간단한 화장실 청소를 실행. 브러쉬로 변기청소, 주방&화장실을 세정제로 닦는 청소, 걸레로 전부 닦는 청소 중 하나를 그 날의 기분에 따라 골라서 하고 있어요.

ayaco(@a_kurashi_note) 씨

'하는 김에 청소'로 더러워지지 않도록 유지

제 청소 방침은 무언가를 하는 김에 청소를 해버리는 것. 아침에 일어났을 때 거실을 거쳐 세면대로 가면서 바닥 청소를 하거나 세면대 거울의 물기를 얼굴을 닦은 수건으로 닦는 등, 무언가를 하면서 청소를 하는 것입니다. 주방을 매일 리셋하면서 싱크볼에 구연산팩을 합니다.

오바나 미나코 씨

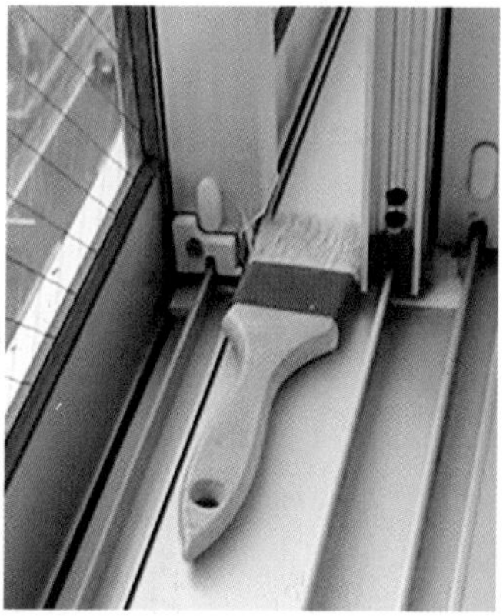

각 창마다 솔을 상비해둔다

창문 섀시에 낀 모래나 먼지는 솔로 청소합니다. 귀찮다는 생각이 들지 않게 각 창마다 솔을 상비. 창문을 열었을 때마다 바로바로 청소하면 더러워져서 고생할 일이 없습니다. 방충망과 바깥 창 청소는 실내에서 쓰던 낡은 핸디형 먼지떨이로. 베란다에 나갔을 때 쓱쓱 문질러주기만 하면 먼지가 들러붙기 어려워집니다.

아린코(@arinkomei)씨

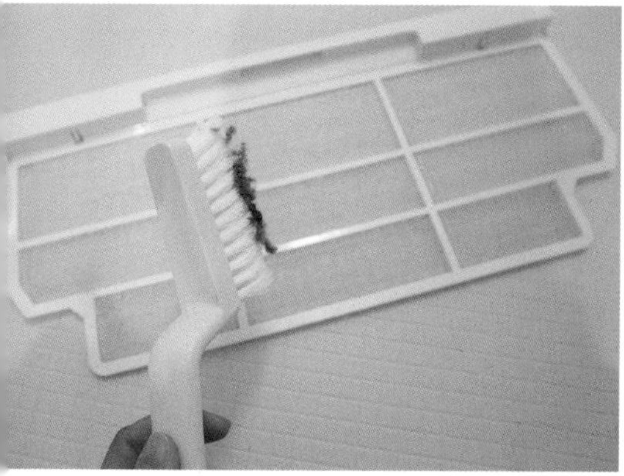

환풍기 청소는 계절에 한번. 알칼리 전해수를 묻힌 걸레로 닦아줍니다. 팬 등은 산소계 표백제에 담가 놓습니다. 평소에는 100엔샵의 환풍기 필터를 잘라 통기구에 자석으로 고정해놓습니다.

월 1회, 부지런히 필터의 먼지 제거

목욕탕이나 화장실 필터는 부지런히 체크해서 월 1회는 먼지를 제거합니다. 무인양품의 타일브러쉬로 먼지를 제거하면 기분도 상쾌해집니다. 이 브러쉬는 욕실 섀시 틈의 먼지를 없앨 때도 편리. 청소가 귀찮게 느껴지는 곳일수록 자주 청소하는 것이 집안일의 부담을 덜 수 있는 요령입니다.

아린코(@arinkomei)씨

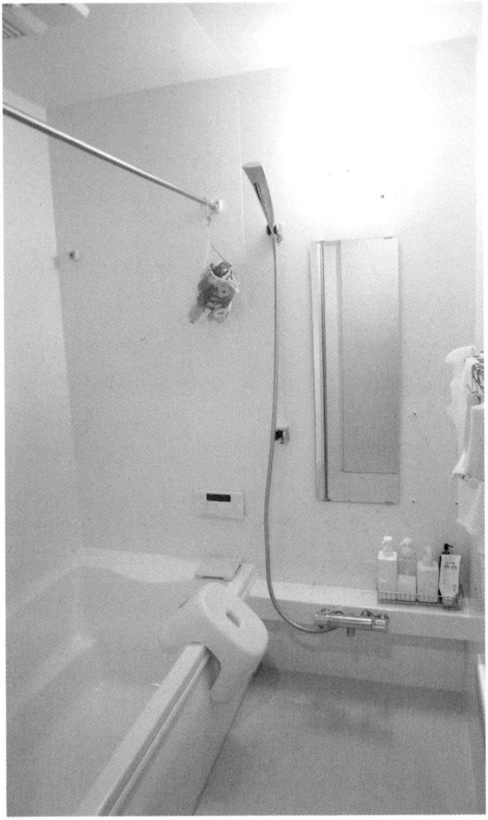

욕실은 물기 제거가 가장 중요 건조와 환기를 철저히

욕실 청소는 남편 담당이지만 저도 목욕을 마치면 물기를 철저하게 제거합니다. 욕조에 목욕 의자를 걸어놓고 배수구에 낀 이물질 등을 제거한 다음, 건조시킵니다. 곰팡이는 따뜻하면 증식하기 때문에 벽과 바닥 전체에 찬물을 뿌린 후, 무인양품의 스퀴지로 물기를 확실히 제거. 그 후엔 '욕실 건조 30분'→'환기 2시간'. 이것을 철저하게 지켜서 곰팡이를 예방합니다.

거울 옆에 달려있던 플라스틱 랙은 청소하는 것이 복잡해서 철거. 지금은 무인양품의 스테인리스 랙에 샴푸통 등을 담고 물기가 확실하게 빠지도록 합니다.

오바나 미나코 씨

욕실 하수구 덮개를 스텐 펀칭 덮개로 변경

물때가 끼기 쉬운 욕실 하수구. 원래 있었던 플라스틱 그물망 덮개는 머리카락이 뒤엉키고 곰팡이가 생기기 쉬웠기 때문에 스트레스였습니다. 그래서 스테인리스 펀칭덮개로 변경. 그물망보다 머리카락이 잘 빠지고 청소도 쉬워졌어요. 100엔샵에서 구입했습니다. 위에 있던 뚜껑까지 제거했더니 청소가 더욱 편해졌습니다.

선반을 없애고 물건을 걸어두면 핑크색 물때 방지

아유미(@ayumi._201)씨

기존의 랙을 떼어냈기 때문에 수건걸이 위에 샴푸 통을 올려놓았습니다. 매일 마지막에 들어간 사람이 청소를 하고 물기까지 닦는 것이 저희 집 규칙입니다.

ichigo(@pokapokaichigo)씨

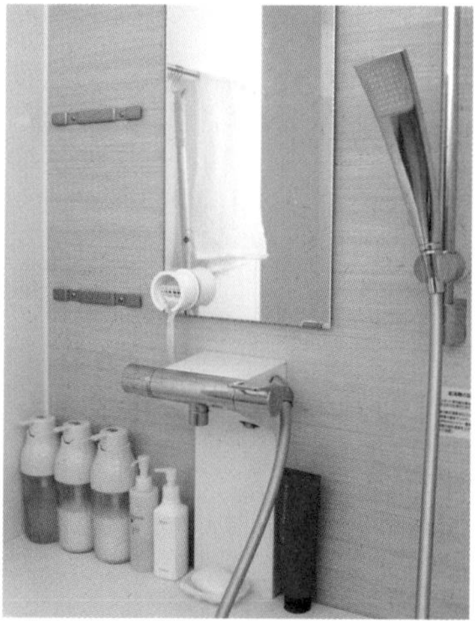

비치되어 있던 랙은 물때와 비누찌꺼기가 잘 끼는 구조라 철거. 샴푸통 등은 직접 올려놓았습니다. 디스펜서는 곰팡이가 생기지 않도록 홈이 없고 내용물을 채울 때 속까지 씻기 편한 것으로 선택했습니다.

yu(@yuu___425) 씨

샴푸통 등 디스펜서는 밑면이 닿지 않도록 수건걸이에 올려놓습니다. 오른쪽 봉에는 주로 청소 도구를. 입욕 후에는 배수구의 뚜껑을 세워놓고 의자도 욕조에 걸쳐두고 반드시 건조시킵니다.

오오니시 유키(@yuki_00ns)씨

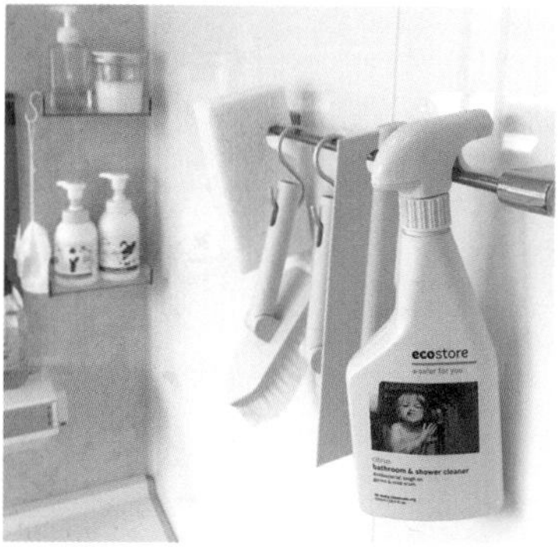

욕실의 청소 도구는 전부 걸어서 수납. 욕조용 스펀지, 바닥용 브러시, 벽용 스펀지, 스퀴지, 욕실세정제입니다. 매일 청소하고 일주일에 한번은 벽면까지 철저하게 청소. 월 1회 곰팡이 방지제를 뿌려줍니다.

nozo(@noz__ie)씨

자기 전에 세면대 리셋

잠들기 전엔 얼룩 제거 효과가 뛰어난 우타마로 비누로 행주를 빨면서 세면대 배수구를 청소. 배수구에 낀 이물질을 빼내고 배수구 안쪽과 마개에 구연산 + 페퍼민트 오일을 뿌려줍니다. 구연산은 진한 농도로, 페퍼민트 오일은 몇 방울 정도. 그리고 마개를 뺀 상태 그대로 아침까지 방치. 이렇게 하면 악취도 사라지고 항균 효과도 높아집니다. 마지막으로 수건으로 거울을 닦아줍니다.

yu(@yuu___425) 씨

손이 바로 닿는 곳에 세면대 청소 삼총사를 비치

세면대에서 바로 손닿는 위치에 멜라민 스펀지, 친환경 살균 소독제, 행주를 배치, 귀찮다는 마음이 생길 틈도 없이 청소를 시작할 수 있습니다. 특히 물 튀김은 자주자주 닦아줘야 더러움과 흔적을 쉽게 없앨 수 있어요. 여기에서 쓰는 행주는 걸레와 달리, 물 튀김 전용으로만 사용.

Nami(@nami0015)씨

차아염소산수(HOCL) 스프레이로 제균 & 소독

세면대에 차아염소산수를 희석한 스프레이를 올려둡니다. 알코올로는 없어지지 않는 노로바이러스까지 제균할 수 있다고 하네요. 손세정과 세면대 제균 및 소취까지 하나로 OK. 이것저것 놓을 필요가 없어 보기에도 깔끔합니다. 손 씻을 때나 양치질을 한 김에 손에 뿌리고 세면대를 닦아줍니다.

yuri(@yu.ha0314) 씨

좁은 계단을 청소할 땐 빗자루로

계단 청소는 청소기로 하기에 어려운 점이 많았습니다. 구석의 먼지를 빨아들이기도 힘들고 무겁기까지 하니까요. 그래서 빗자루를 썼더니 청소가 훨씬 쉬워졌어요. 빗자루로 싹싹 쓸면서 1층까지 내려 간 다음, 모인 먼지를 청소기로 빨아들입니다.

nozo(@noz__ie)씨

계단 옆에 자루 걸레를 배치

청소는 '하는 김에'가 기본. 2층 계단 옆에 자루 걸레를 항상 꺼내놓고 올라간 김에 이 걸레로 마룻바닥을 닦으면서 걸어다녀요. 세련된 디자인의 tidy의 자루걸레를 애용하고 있습니다.

Nami(@nami0015)씨

출근 전 & 귀가 후에 조금씩 청소

무선청소기를 현관에 둡니다. 저희 집은 거실이 2층이므로 현관에서 들어와 위로 올라가면서 청소기를 돌립니다. 현관→계단→복도→거실로. 거실에 도착하면 일반청소기로 교체.

ichigo(@pokapokaichigo)씨

현관에 빗자루를 늘 꺼내놓는다

청소는 질색이라 진입장벽을 낮추기 위해 꺼내놓아도 괜찮은 디자인으로 골랐습니다. 이것은 무인양품의 청소용품 시스템. 끝부분을 다른 것으로 바꿔 끼울 수 있는 점도 마음에 들어요.

구미(@kuuumiii1015)씨

침대 대신 3단 접이식 매트리스

침대를 처분하고 원목 매트리스 깔판&매트리스 생활을 하고 있습니다. 매트리스는 매그니플렉스(magniflex)의 3단 접이식. 세울 수 있어서 환기가 편하고 망사 타입이라 통기성도 뛰어납니다. 침대 밑 먼지를 신경 쓸 필요가 없어져서 마루 청소가 정말 편해졌습니다.

아린코(@arinkomei)씨

매트리스는 정기적으로 상하를 바꿔준다

매트리스를 오래 쓰기 위해서 정기적으로 상하를 바꿔주고 있습니다. 낮에도 매트리스와 침대 사이에 틈을 만들어 공기가 잘 통하도록 신경을 쓰고 있어요.

아유미(@ayumi._.201)씨

습기와 먼지가 쌓이지 않는 이불 생활

침대 없이 이불을 사용하고 있습니다. 매트리스 깔판도 관리가 힘들어서 처분. 방수 방진드기 시트를 깔고 이불은 개서 아기침대 속에 보관. 매일 바닥이 보이게 해두니 청소하기가 쉬워져서 마음에 쏙 듭니다.

오바나 미나코 씨

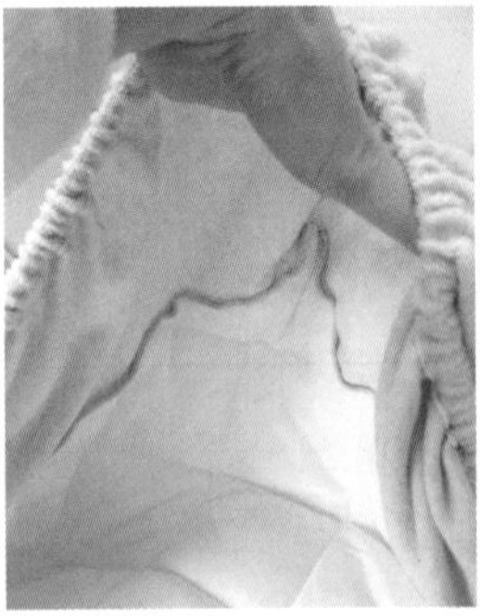

패드 일체형 시트로 교환 시간 단축

침대패드 일체형인 고무밴드형 덮개를 애용합니다. 지금까지는 세탁과 교환에 시간이 들었는데 침대가 여럿이니 꽤 많은 시간을 할애해야 했습니다. 하지만 이제는 한 번에 끝. 게다가 수납공간도 줄었어요. 베르메종(bellemaison)에서 구입했습니다.

Time Management ❷ | 청소·세탁 세탁 시간 단축법 ①

emi(@emiyuto)씨

다림질이 필요한 와이셔츠만 세탁 후에 침실로 이동. 필요할 때만 와이어를 늘려서 사용할 수 있는 실내용 빨래줄, pid4M에 걸어 말리고 다림질한 다음, 행거에 걸어둡니다.

세탁물 건조에서 수납까지 세면실에서 물 흐르듯 작업

저희 집의 세탁은 밤 세탁 → 옷걸이에 걸어 욕실건조대에서 건조 → 아침에 개서 수납이라는 흐름입니다. 가족의 일상복은 전부 세면실 서랍장에 수납하기 때문에 세탁일은 이곳에서 거의 마무리. 욕실건조대에서 옷걸이째 가져와 서랍장 위의 봉에 걸어놓고 갭니다. 거의 움직일 필요가 없어 정말 편리합니다.

erika(@penta_room)씨

옷걸이 & 빨래 집게는 걸어서 수납

세탁물은 실내에서 전부 옷걸이나 빨래 집게에 걸어서 한번에 밖으로 가지고 나갑니다. 주방카운터에서 세탁물을 걸기 때문에 옷걸이와 빨래 집게는 토트백에 담아 카운터 밑에 걸어둡니다. 바닥에 놓을 필요 없이 끝낼 수 있어 깔끔합니다.

nozo(@noz__ie)씨

세탁물은 수납할 장소에 따라 나눠서 말린다

세탁물은 침실 옷방 옆에 널었다가 다 마르면 그 자리에서 개서 수납합니다. 이렇게 하면 쓸데없는 동선을 줄일 수 있습니다. 또 다림질을 시작하기 쉽도록 다리미를 항상 꺼내놓습니다. 세면실에 수납하는 수건류는 세면실에서 말립니다.

오바나 미나코 씨

관리가 힘든 욕실매트를 치운다

따로 빨아야하는 욕실매트는 사용하지 않습니다. 대신 오래된 수건이나 스포츠타월을 씁니다. 손잡이에 걸어두었다가 욕실에서 나올 때 바닥에 깔고 발을 닦습니다. 목욕을 마친 깨끗한 발을 닦은 것이므로 다 썼으면 그대로 세탁기에.

아린코(@arinkomei)씨

세탁물은 각자가 바구니에 넣기

자기 세탁물은 스스로 분류해서 세탁바구니에 넣는 것이 규칙. 이렇게 하면 제가 할 일이 하나 줄어듭니다. 4살 밖에 안된 딸도 이 시스템을 잘 지키는데 가장 좋아하는 핑크로 정했습니다. 대강 속옷류, 딸용, 저와 남편용으로 나눕니다.

Nami(@nami0015)씨

세탁기 옆에 있는 선반에 옷걸이 두기

저희 집은 세면실에 설치한 와이어 빨랫줄에 빨래를 널어 말립니다. 그래서 그곳에 옷걸이를 수납했습니다. 세탁기에서 세탁물을 꺼냈으면 옷걸이를 한 개씩 집어 옷을 걸고 빨랫줄에 널어주는 것이지요. 이렇게 일련의 작업이 진행됩니다.

오바나 미나코 씨

빨리 마르는 가제 수건을 사용한다

큰 목욕타월을 쓰지 않습니다. 한쪽 면이 가제로 된 페이스 수건을 사용합니다. 가제는 얇아서 세탁 후, 빨리 마릅니다. 수납 공간도 얼마 차지하지 않습니다. 라쿠텐에서 구입했습니다. 오래되면 걸레로 활용합니다.

ichigo(@pokapokaichigo)씨

와이셔츠는 옷장 가까이에서 말리고 수납까지 완결

세탁은 이틀에 한번. 거의 100% 실내에서 말립니다. 기본 장소는 거실이지만 와이셔츠는 1층 옷장 옆의 방에 걸어서 말립니다. 옷걸이를 옷장에서 꺼내고 다 마르면 다시 걸어주기만 하면 됩니다. 와이셔츠용 옷걸이는 마와(MAWA)의 실루엣으로 통일.

오바나 미나코 씨

파카와 시트는 건조 방식에 조금 더 신경

마르는데 시간이 걸리는 세탁물 중 하나인 파카. 빨래건조대 끝에 후드를 걸고 몸통 부분이 서로 닿지 않게 말리면 더 빨리 마릅니다. 또, 저희 집 세탁기는 건조 기능이 없기 때문에 시트는 베란다에서 말립니다. 반으로 접은 다음 가운데 옷걸이를 걸어두면 틈이 생겨서 통풍이 잘 되기 때문에 빨리 건조됩니다.

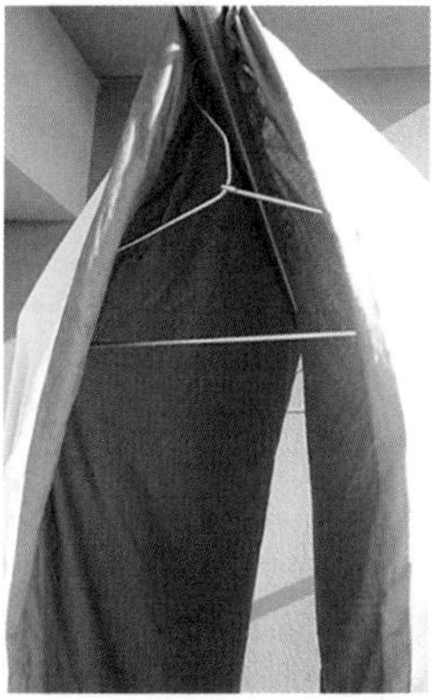

yu(@yuu___425) 씨

침실에 세탁 바구니를 설치하여 벗어던짐 방지

침실에서 옷을 갈아입고 출근하는 남편. 그런데 잠옷이나 실내복을 벗은 상태 그대로 던져두기 일쑤. 그래서 큼지막한 세탁바구니를 놓고 여기에 벗은 옷을 넣어달라고 부탁했습니다. 갤 필요없이 던져 넣기만 하면 되므로 귀차니스트인 남편도 잘 하고 있습니다. 세탁물을 한눈에 파악할 수 있어 침실 정리도 한결 쉬워졌습니다.

ayaco(@a_kurashi_note) 씨

전에는 붙박이벽장에 침대시트와 담요, 아들이 어릴 때 썼던 아기용 이불을 쌓아서 보관했습니다. 밑에 있는 물건을 꺼내려면 눈사태처럼 무너지는 것이 늘 스트레스였지요.

붙박이 벽장은 손잡이 달린 상자로 장르별 분류

IKEA의 손잡이가 달린 상자에 수납. 필요한 상자만 꺼낼 수 있게 되었습니다. 장르별로 나누었기 때문에 무엇이 어디에 들어있는지를 바로 알 수 있어 찾는 시간도 확 줄었어요. 남은 여백은 채우지 않고 그대로 두려고 합니다. 저희 집엔 아직도 물건이 많은 편이지만 전근이 잦기 때문에 물건을 더욱 줄여가면서 생활하고 싶습니다.

아유미(@ayumi._201)씨

옷을 개서 넣을 때는 종이봉투를 칸막이로 활용

옷은 70개를 기준으로 늘어나면 그만큼 처분합니다. 계절이 바뀔 때 반드시 옷장을 체크. 공간에 들어갈 만큼만 남겨두면 코디도 단시간에 끝낼 수 있습니다. 개서 수납하는 옷은 종이봉투를 칸막이로 사용합니다. 이렇게 하면 서랍 속이 뒤죽박죽되지 않습니다. 무인양품 쇼퍼백을 이용했습니다.

For Husband

For Myself

ichigo(@pokapokaichigo)씨

귀가 후 쉽게 정돈할 수 있는 동선 만들기

집에 돌아와 코트나 재킷을 거실 소파에 걸쳐놓는 남편을 위해 거실 옷장 왼쪽을 외출 준비 공간으로 꾸몄습니다. 덕분에 거실 이곳저곳에 놓여있던 옷이 사라지고 깔끔해졌습니다. 1층에서 모든 준비를 하는 저는 1층에 외출 준비 공간을 만들었어요. 여기서 모든 것을 끝내기 때문에 액세서리를 잃어버릴 걱정도 없습니다.

kao(@kao_kurashi)씨

생활 단계에 맞춰 수납도 변화

아이 옷은 거실과 연결된 일본식 방에 한꺼번에 수납. 세탁실에서 빨래를 걷어 바구니에 담아 여기 있는 심플한 수납 상자에 정리합니다. 아이들의 유치원 용품과 잠옷도 모아서 이 공간에 넣습니다. 나중에 아이 방에 옷을 수납하게 되면 위칸에 있는 손님용 이불커버 등을 이 상자에 보관하려고 합니다.

emi(@emiyuto)씨

문 안쪽은 다소 지저분해도 OK

거실의 서류, 컴퓨터 등은 이 옷장에 수납하고 있습니다. 이렇게 한군데 모아두면 꺼내기 쉽고 정리 시간도 단축됩니다. 또 어질러졌을 때도 문만 닫으면 깔끔해지므로 갑작스런 손님의 방문에도 당황하지 않을 수 있어요. 수납공간 안에는 압축봉식 폴행거와 걸이를 설치, 외출했다 돌아왔을 때 코트, 가방의 임시보관소로 활용하고 있습니다.

아린코(@arinkomei)씨

2층 침실의 휴지통은 쇼핑백 활용

2층 침실에는 휴지통 대신 심플한 쇼핑백을 재활용하고 있습니다. 안에 비닐을 넣어두었기 때문에 휴지가 차면 비닐째로 꺼내 버리고 새것으로 교환. 친환경적이면서 본체가 더러워지면 쓰레기와 함께 휙 버릴 수 있어요. 새 휴지통을 사는 것보다 절약되고 관리 시간도 단축. 침실쓰레기는 티슈 정도이므로 이것으로 충분합니다.

Nami(@nami0015)씨

딸 전용 서류 상자. 아래 사진에 보이는 거실 캐비닛 속에 넣어둡니다. 제출, 보관, 학원, 이름스티커 등으로 분류, 걸이식 폴더로 나누었습니다. 이렇게 하면 무엇이 어디에 있는지 한눈에 파악할 수 있어요.

모두가 알 수 있게 라벨링

서류와 소품은 어디에 무엇이 있는지 일목요연하게 알 수 있도록 정리하려고 신경을 씁니다. 혹시 가족이 물건의 위치를 몰라도 '어느 서랍, 맨 위에 있어'라고 설명해줄 수 있도록 정확하게 분류하여 위치를 파악하고 있습니다. 그래서 상자와 서랍 속을 자주 재검토. 무엇이 들어 있는지 모른다는 것은 곧 사용하지 않는다는 것. 그렇다면 필요 없는 물건이나 마찬가지라고 생각합니다.

왼쪽은 거실 캐비닛. 하단의 파일박스는 서류, 아이 관련, 생활 관련 서류, 제 것 전용, 우선 상자와 종류별로 내용물을 분류. 위쪽은 화장실용 재고를 보관하는 공간. 내용물별로 분류한 후, 여기에 수납해둡니다.

ichigo(@pokapokaichigo)씨

문 안쪽에 100엔샵에서 구입한 고리를 달고 마룻바닥용 밀대 등의 무인양품 청소용품을 걸어둡니다. 공간낭비없이 문까지 활용할 수 있습니다.

계단 밑 수납 장소에 상자를 둘 공간을 확보

온라인 쇼핑몰을 자주 이용하기 때문에 상자가 금방 쌓입니다. 그래서 1층 계단 아래에 있는 수납선반 옆에 전용 공간을 만들었어요. 우편함에 들어있던 전단이나 DM도 필요 없는 것은 이곳 신문지 보관함으로. 필요한 것만 2층으로 가지고 올라갑니다. 종이상자나 전단지를 묶을 끈과 테이프, 가위도 가까운 곳에 놓아두면 재활용 분리수거일이 편해집니다.

아유미(@ayumi._201)씨

어질러지기 쉬운 남편의 소지품은 전용공간에 둔다

현관 신발장 위에 있는 서랍입니다. 여기에 열쇠, 지갑, 휴대전화, 시계 등 남편이 외출이나 출근할 때 필요한 소지품을 수납하고 있습니다. 현관이 남편의 물건으로 자주 어질러지고 부부가 함께 사용하는 자동차 키가 자꾸 행방불명되어서 전용장소를 만들었어요. 이렇게 하니 남편도 물건을 제자리에 놓게 되어 잃어버리는 일이 없어졌습니다.

오오니시 유키(@yuki_00ns)씨

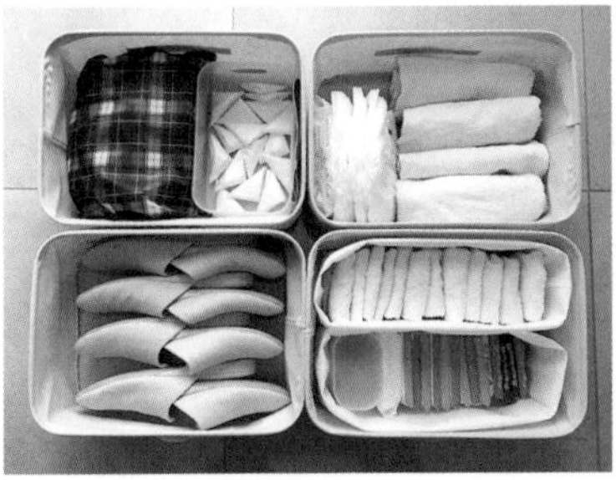

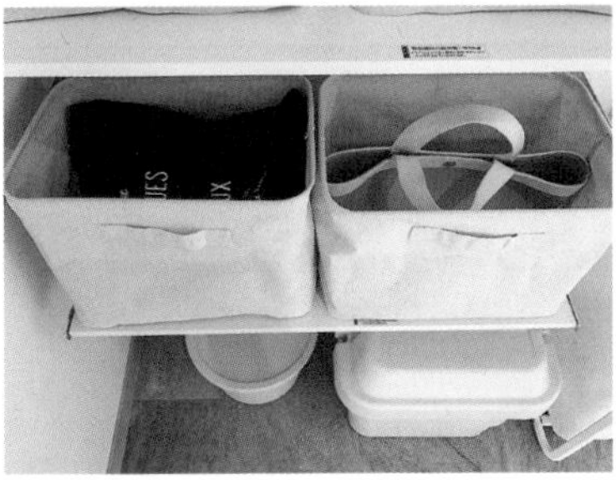

아래 2개의 상자에는 자주 쓰는 외출용 가방을 넣어둡니다. 가장 밑 큰 박스에는 바깥놀이용 장난감을. 양동이는 청소용입니다.

신발장 안은 세세하게 분류

여러 타입의 수납 상자를 활용해서 장르별로 분류했습니다. 맨 위 칸은 구두. 가운데 단의 4개의 부직포 박스에는 성묘할 때 가져갈 청소 도구(체크무늬 백)와 비닐 봉투, 수건과 기저귀, 손님용 슬리퍼, 핸드타월과 티슈, 딸 머리끈, 손난로. 외출 직전에 생각나도 2층으로 가지러 올라갈 필요가 없습니다. 또 수건이 여기에 있으면 비 오는 날 편리합니다.

erika(@penta_room)TL

세면실 수납장에 잠옷과 속옷 수건류를 수납

세면실에 있는 수납장. 이곳에 가족의 잠옷류, 어른 속옷류, 수건류를 전부 모아서 수납합니다. 잠옷은 계절별로 나눠서 수납상자에 넣어둡니다. 이렇게 하면 여기서 바로 계절에 맞게 잠옷 정리를 할 수 있어 관리가 쉽습니다. 안길이가 넓은 수납장이라 꺼내기 쉽게 상자에 넣어두고 꺼내서 사용합니다.

ichigo(@pokapokaichigo)씨

쇼핑리스트는 주방카운터 위에 놓는다

이 카운터는 주방과 거실, 일용품 재고를 보관하는 거실장과도 가깝고 가장 눈에 잘 띄는 장소. 여기에 트레이를 놓고 메모장과 펜을 올려둡니다. '재고는 하나씩만'이 우리 집 규칙이므로 마지막 재고를 쓰기 시작했을 때 목록에 써 넣습니다. 요즘은 빼놓고 사거나 충동구매를 방지하기 위해 온라인 마트도 이용하기 시작했습니다.

erika(@penta_room)씨

휴대전화와 DM, 문구류의 확실한 제자리를 만들어둔다

남편과 제 동선을 체크해보니 항상 주방카운터 옆을 지나서 물건을 두는 습관이 있는 것으로 판명. 그래서 휴대전화와 지하철 정기권, 시계 등을 놓을 자리를 만들었습니다. 또 거실에는 DM이나 편지를 임시 보관할 곳, 자주 쓰는 문구류를 한곳에 모은 정리함을 놓았습니다. '우선 임시보관'할 장소를 정해두면 집이 훨씬 덜 어질러집니다.

구미(@kuuumiii1015)씨

육아용품은 한군데 모아서 보관

평일엔 아이들 목욕부터 재우기까지 혼자 담당합니다. 정신없이 바쁘기 때문에 한 번에 끝낼 수 있도록 일련의 육아용품을 바구니에 담아 TV장식장 서랍에 넣어둡니다. 기저귀, 물티슈, 드라이어 등이 들어있어요. 다행히 TV장식장 디자인과 사이즈에 딱 맞는 무인양품 라탄바구니를 찾을 수 있었습니다. 아이용 칫솔과 보습크림은 주방에 둡니다.

아린코(@arinkome)씨

비닐봉투는 삼각형으로 접어서 부피가 커지지 않도록

장을 볼 때마다 늘어나는 비닐봉투. 대충 접어서 방치했더니 금세 부피가 커져서 곤란해졌어요. 그래서 받을 때마다 바로 삼각형으로 접어서 보관했습니다. 수납 장소는 주방 뒷면. 쓰레기봉투, 휴대용 티슈와 같은 줄에 넣고 온 가족이 공유하고 있습니다. 이렇게 바꾸고 나니 깔끔해졌습니다.

아유미(@ayumi_.201)씨

아기 때 옷은 여행 가방에 보관

지금은 4살인 딸이 아기 때 입었던 옷을 둘째를 위해서 보관하고 있습니다. 좁은 월세 집이라 여행 가방도 소중한 수납 장소. 그때그때 처분하는 것이 가장 이상적이지만 추억이 듬뿍 담겨 있기 때문에 아직은 모두 보관하고 있습니다. 1년에 2~3번 꺼내 환기시켜 줍니다.

enika(@penta_room)씨

외출 준비 코너를 별도로 만든다

기본적으로 옷은 일본식 방, 코트류와 예복은 침실 옷장. 하지만 가을 겨울에는 일본식 방에 봉을 달아 외출 준비 코너를 만들고 자주 입는 코트를 꺼내 걸어놓습니다. 아래쪽에는 S자 고리를 이용해 그네식 옷걸이를 만들어 아이옷 공간으로.

마루코 씨

될 수 있는 한 줄여서 여백을 확보

옷을 너무 꽉 채워서 보관하면 넣고 꺼낼 때마다 힘이 들고 짜증스럽지요. 제가 생각하는 적정기준은 공간의 3분의 2. 마음에 꼭 드는 것만 엄선해서 남겼더니 코디를 고민할 필요가 없어 외출 준비 시간이 대폭 줄었습니다.

아유미(@ayumi._.201)씨

계절이 바뀔 때 옷장 점검

옷 개수를 줄였더니 코디가 쉬워졌습니다. 계절이 바뀌어 옷을 정리할 때 잘 안 입었던 것은 처분. 내년에도 입고 싶은가, 매일이라도 입고 싶은가, 누군가를 처음 만날 때 입고 싶은가를 기준으로 옷을 남기고 있습니다.

아린코(@arinkome)씨

양말은 말아서 종이컵에 수납

뒤죽박죽되기 쉬운 양말은 라탄바구니에 종이컵을 넣고 말아서 보관합니다. 양말은 여기에 들어갈 만큼만으로 양을 정하고 엄수. 수납은 늘리는 것이 아니기 때문에 샀으면 그만큼 처분하는 것이 규칙입니다.

도모 씨

소꿉놀이용 주방을 수납 공간으로 활용

거실에 있는 아이용 수납 공간에 장난감과 그림책을 모아둡니다. 혼자서도 정리하기 쉽도록 한군데 보관하는 것이지요. 주방놀이용 장난감 밑에 수납할 수 있는 공간이 있기 때문에 다이소의 흰색바구니를 넣고 대충 수납. 네 군데에 손잡이가 있어서 아이도 간단하게 옮길 수 있습니다. 아이들의 공간은 금세 어질러지므로 작은 빗자루 세트를 준비해두고 생각났을 때 재빨리 청소.

안에는 소꿉놀이용품, 봉제인형, 플라스틱장난감 등. 너무 세세하게 분류하지 않고 대충 수납하도록 해야 아이들이 뒷정리에 부담을 느끼지 않는 것 같아요.

구미 (@kuuumiii1015)씨

뚜껑 없는 수납함에 정리하는 것이 편리

장난감 수납함은 디자인보다 아이가 스스로 정리하기 쉬운지가 중요. 서랍 수납이나 뚜껑이 있는 상자는 정리하기 힘들기 때문에 휙휙 던져 넣을 수 있는 오픈 타입의 수납 상자를 사용합니다. 안에는 칸막이를 하지 않고 상자를 쌓아놓지 않는 것도 포인트. 가끔씩 딸과 함께 내용물을 재검토하며 관리합니다.

emi(@emiyuto)씨

아이들 책가방 보관은 거실에서 이어진 일본식 방에. 교과서와 프린트류도 교과별로 이곳에 수납합니다. 또 다이소 상자에 들어가지 않는 장난감은 큰 수납상자에 한꺼번에 정리합니다.

한 상자당 한 아이템으로 알기 쉽게

일본식 방에 있는 장난감 공간입니다. 장난감은 한 상자에 한 아이템. 라벨을 붙여두면 아이들도 단시간에 정리할 수 있습니다. 가지고 놀 장난감 상자만 꺼내서 놀고, 끝났으면 제자리에 돌려놓기만 하면 끝. 다이소의 사각 상자를 이용하고 있습니다. 흩어지기 쉬운 카드류 등은 다이소의 칸막이가 움직이는 명함케이스 속에 넣어둡니다.

아유미(@ayumi._.201)씨

대충 수납에서 장르별 수납으로

점토, 쌓기 나무, 블록, 문구류, 소꿉놀이, 통신강좌 교재. 이런 식으로 세세하게 그룹별로 나눴습니다. 대충 넣는 수납에서 이렇게 바꾸니 상자 째로 한 번에 옮길 수 있어서 정리가 쉬워졌습니다. 다이소의 상자와 무인양품의 pp수납케이스는 컬러 박스에 딱 맞게 들어가서 편리합니다.

구미 씨

가족 : 남편, 딸(5세), 아들(2세)
사는 곳 : 단독주택
회사원(근로시간단축근무)
【인스타그램】 **kuuumiii1015**
https://instagram.com/kuuumiii1015

재정플래너와 자주 상담하기

육아휴직을 끝내고 봄부터 업무에 복귀했습니다. 그래서 집안일도 재검토 중. 주말과 밤에 하는 집안일을 늘리고 아침에 할 일을 줄이는 것이 목표입니다. 청소와 정리는 뭐든지 '하는 김에' 하려고 합니다. 청소를 하는 김에 정리를 다시 하거나, 물건을 버리는 김에 그 자리를 걸레로 닦는 것이지요. 이렇게 하는 것이 시간단축으로 이어집니다. 자기 전, 그림책을 읽어주는 시간처럼 아이와 보내는 시간을 확실하게 확보하고 싶기 때문에 가족의 생활을 풍요롭게 해주는 가전제품이나 인테리어 소품, 이불 등은 약간 좋은 것으로 구입합니다. 일 년에 한 번 가는 가족여행에도 시간과 돈을 쓰고 싶습니다. 가정경제에 대해 세세한 목표를 갖고 긴 안목으로 생각하며 재정플래너와 자주 상담하면서 계획을 세웁니다.

도모 씨

가족 : 남편, 딸(4세),아들(1세)
사는곳 : 단독주택
육아휴직 중
【블로그】 **심플한 생활의 모습**
https://ameblo.jp/ku-rashi-no-katachi

옷과 장난감에는 돈을 쓰지 않는다

집안일과 회사일, 어느 것에서나 시간 낭비를 줄이고 여유 시간을 만들어 가족과 함께 하는 시간을 확보하려고 노력합니다. 실천은 무척 간단. 안전한 세제로 청소를 하고, 식재료와 조미료도 친환경적인 것, 몸에 좋은 것을 고르고 있습니다. 대신 옷값이나 미용실에 가는 데는 돈을 아낍니다. 장난감이나 그림책 등도 프리마켓 앱을 이용해 싸게 구입하고 있습니다. 평일 저녁 식사 준비는 30분 안에 완성할 수 있도록 냉동식재료 등을 이용합니다. 가계관리도 아주 심플하게 돈을 쓸 부분과 절약할 부분을 확실하게 분리. 부부가 모두 좋아하는 일 년에 1번의 여행에는 돈을 씁니다.

Nami 씨

가족 : 씨
가족 : 남편, 딸(9세)
사는 곳 : 단독주택
파트타이머(주 3일)
【인스타그램】 **nami0015**
https://www.instagram.com/nami0015/

집안일은 한 번 할 때 확실하게

집안일은 어느 것에도 시간을 들이고 싶지 않지만 특히 일을 두 번할 필요가 없도록 한번 할 때 확실하게 처리합니다. 한 번에 넣고 꺼낼 수 있도록 수납하여 정리를 하고, 쓸데없는 움직임을 줄이기 위해 동선을 체크하는 등 가능한 적은 동작으로 집안일을 할 수 있도록 매일매일 아이디어를 짜냅니다. 방은 늘 정리된 상태로 유지. 평소에 '조금씩 청소'로 더러움이 쌓이지 않도록 관리하여 대청소가 필요 없도록 하는 것이 목표입니다. 이를 위해 필요한 도구 등에는 다소 돈을 투자하는 것도 망설이지 않습니다. 또한 가족이 함께 외출하거나 외식하는 비용도 너무 아끼지 않습니다. 가계부를 쓰지 않고 가계 관리는 대충 계산. 단 생활은 남편의 수입으로 꾸려나가고 제 수입은 가능한 저축하려고 합니다.

Part 02

nozo 씨

가족 : 남편, 딸(5세), 아들(1세)
사는 곳 : 단독주택
주부
【인스타그램】 **nozo__ie**
https://www.instagram.com/noz__ie/

집안일은 가족과 함께 소통하면서

집안일을 시스템으로 만들어 더 편한 방법을 찾으려고 합니다. 습관을 통해 매일 무의식적으로 몸을 움직일 수 있는 구조를 만들었어요. 이상만을 추구하거나 너무 완벽하려고 하지 않고 자신의 스타일에 맞는 방법을 찾는 것도 중요합니다. 또 남편과도 집안일에 대해 소통하는 것이 필요합니다. 혼자 사는 집이 아니므로 청소 도구나 청소 방법도 남편과 상의해요. '나중에'라고 밀쳐두지 않고 바로 제자리에 갖다둡니다. 가계는 특히 광열비를 의식적으로 아끼려고 노력합니다. 환경보호나 교육적 관점에서도 절전을 실천하려고 합니다.

hana 씨

가족 : 남편, 딸(11세, 9세)
사는 곳 : 단독주택
파트타이머(주 4일 정도)
【블로그】 **이에노오토**
http://ienotehana.blog.fc2.com
【인스타그램】 **hana.ienote**
https://www.instagram.com/hana.ienote/

가족과 매월 가계현황 의논하기

깔끔하게 살려고 노력하지만 너무 시간 단축이나 절약에 집착하지 않습니다. 요리를 할 땐 육수를 내고, 파는 음식을 피하고 직접 만들어 먹으려고 노력합니다. 시간 단축을 위해 하는 것은 압력 냄비를 사용하는 정도. 가구나 그릇은 오래 쓰기 때문에 마음에 드는 것이 있으면 잘 생각해서 구입합니다. 여행도 가족이 함께 갈 수 있는 기간은 한정되어 있으므로 우선 순위가 높은 지출입니다. 가계에 관해서는 매월 수지도 중요하지만 가족의 라이프 플랜을 생각하면서 저축과 지출 계획을 세우는 것도 그 이상으로 중요합니다. 남편과 한 달에 한 번씩 가계를 의논하면서 상황을 파악하고 방법도 함께 고민합니다.

마루코 씨

가족 : 남편
사는 곳 : 아파트
자영업
【블로그】 **스트레스 프리의 저금, 절약생활**
https://chokin.me/

주거비, 보험료, 휴대전화 요금은 절약 항목

집안일을 쫓기듯이 하지 않으려고 의식합니다. 특히 요리는 서툰 편이라서 시간이 있을 때 미리 만들어서 냉동해 둔 요리로 식사 준비를 편하고 빠르게 하고 있어요. 집안일을 전부 혼자서 처리하려면 부담감이 너무 크기 때문에 남편의 협력을 요청합니다. 주의점은 상대가 편한 시간에 하게 두고 결과에 대해 이러쿵저러쿵 평가하지 않을 것. 정리는 물건별로 수납 장소를 정해두는 것이 중요. 이렇게 하면 물건을 찾는 시간과 부부싸움 횟수가 확 줄어듭니다. 주거비, 보험료, 휴대전화요금은 절약 항목. 한번 절약해두면 이후로는 자동 유지됩니다. 반대로 여행이나 독서 등 체험과 지식을 늘리는 일에는 가계를 압박하지 않는 한도 내에서 지출합니다.

yu씨

가족 : 남편, 아들(5세, 2세)
사는 곳 : 단독주택
주부
【인스타그램】 **yuu___425**
https : //www.instagram.com/yuu___425

집안일 잘 하는 것이 곧 절약

청소는 어지간하면 매일 꼭 합니다. 방이 깨끗하면 마음도 안정됩니다. 평소에 청소를 해두면 대청소의 횟수가 줄어들기 때문에 집안일에 쓰는 시간단축으로 이어집니다. 요리는 서툴기 때문에 가능하면 간단하게, 시간을 많이 들이지 않고 끝내고 싶어요. 뭔가를 만들어 놓는 것도 막막하게 느껴져서 요리를 약간 넉넉하게 만들어두는 정도로만 신경을 씁니다. 가계가 조금 더 원활하게 돌아갈 수 있도록 맞벌이를 생각한 적도 있습니다. 하지만 아이가 어리니 현실적으로 어려운 일. 집안일을 확실하게 해내서 전업주부만이 할 수 있는 절약을 하려고 합니다.

yuri씨

가족 : 남편, 딸(4세)
사는 곳 : 단독주택
주부
【인스타그램】 **yu.ha0314**
https : //www.instagram.com/yu.ha0314/

완벽하게 해내려고 하지 않기

무리하지 않을 것. 모든 것을 완벽하게 해내려고 하지 않을 것. 이것이 제 원칙입니다. 좋아하는 청소와 정리정돈은 시간을 들여 정성껏 하고 그다지 흥미가 없는 요리는 영양가가 풍부하면서도 금방 만들 수 있는 메뉴를 고르는 등 균형을 맞춰가면서 우선 저에게 맞는 방법으로 집안일을 즐기려고 합니다. 특히 집의 청결은 곧 마음의 건강과 같다고 생각할 정도로 중시. 가족이 늘 마음 편하게 쉴 수 있는 집을 만들기 위해서 가장 신경을 쓰는 부분입니다. 집이 깨끗해지는 것과 동시에 제 마음도 개운해지는 그 느낌이 너무나 좋습니다. 절약의 중심은 식비와 잡비. 일주일 예산을 세우고 그 안에서 꾸려나가지만 식재료나 조미료는 국산, 무첨가인 질 좋은 것을 고르고 어느 정도 예산을 배정합니다.

With Husband

ichigo(@pokapokaichigo)씨

부부만의 식사 시간을 소중하게 생각

평일엔 야근이 많은 남편을 기다려야 해서 늦어지는 경우가 많지만 텔레비전을 틀지 않고 대화를 즐기면서 저녁을 먹습니다. 주말에는 브런치를 준비해서 주말의 일정을 의논하며 천천히. 대체로 남편이 핫케이크를 만들어줍니다. 식후엔 둘이서 재빨리 정리하고 각자가 좋아하는 일을 즐깁니다.

nozo(@noz__ie)씨

부부의 티타임을 즐기며 수첩으로 일정 확인

지금은 아이가 어려서 밤에 자주 울고 이유식 등으로 정신없는 매일을 반복하고 있습니다.

저만의 시간은 거의 갖지 못하지만 남편과는 일주일에 한 번 정도라도 대화 시간을 만들려고 해요. 아이들이 잠든 밤, 차 한 잔을 하면서 느긋하게 이야기를 나눕니다. 다음 주에 있을 서로의 스케줄을 확인하기 때문에 수첩이 필수.

yuri(@yu.ha0314) 씨

매일 함께 있는 딸에게 집안일을 돕도록 격려

어린이집에 들어가기 전까지는 딸과 둘이서 지내는 시간이 거의 대부분입니다. 아이가 집에 있을 동안은 식사준비, 빨래개기 등 딸에게 가능한 도움을 받으려고 합니다. 주방에서는 쌀을 씻거나 달걀을 깨서 섞는 일 등의 간단한 일을 하도록 격려합니다. 딸도 즐거워하고 무엇보다 집안일이 재미있다는 것을 딸도 느꼈으면 좋겠어요.

어린이집에서 돌아온 후에는 저녁 식사 준비를 함께

평일엔 어린이집에서 오후 5시가 넘어야 집에 오는 아들. 함께 있을 수 있는 시간은 잠들기 까지 약 3시간뿐입니다. 따로 시간을 내서 같이 놀기가 쉽지 않아 저녁식사 준비도 아들과 함께 합니다. 자른 채소를 물에 담그는 일, 냄비를 젓는 일 등 간단한 일을 돕도록 합니다.

ayaco(@a_kurashi_note) 씨

아유미(@yaumi._.201)씨

아이들과의 시간을 소중하게

깨갈기, 설거지, 채소 껍질 벗기기 등을 딸이 담당. 할 일이 없을 때는 간을 보게 합니다. 또 아이들이 안아달라며 "엄마, 엄마"부르는 때도 잠깐. 하던 일을 일단 멈추고 안아주려고 합니다. 아이들이 집에 있는 휴일에는 집안일은 거의 하지 않아요.

With Kids

emi(@emiyuto)씨

계절행사는 아이들과 함께 준비

계절별 연중행사를 준비할 때 아이들도 참여시켜 함께 즐기려고 합니다. 요 몇 년간은 벽을 크리스마스 트리 등으로 꾸몄습니다. 생일 케이크는 물론 크리스마스에도 직접 만든 케이크로 축하. 여자아이들의 축제인 히나마츠리에는 오히나인형을 장식하고 일본식 비빔초밥인 '치라시즈시'를 만들었지요. 아이들이 컸을 때 '예전에 엄마가 이렇게 해주셨지'하고 조금이라도 추억해주었으면 좋겠어요.

kao(@kao_kurashi)씨

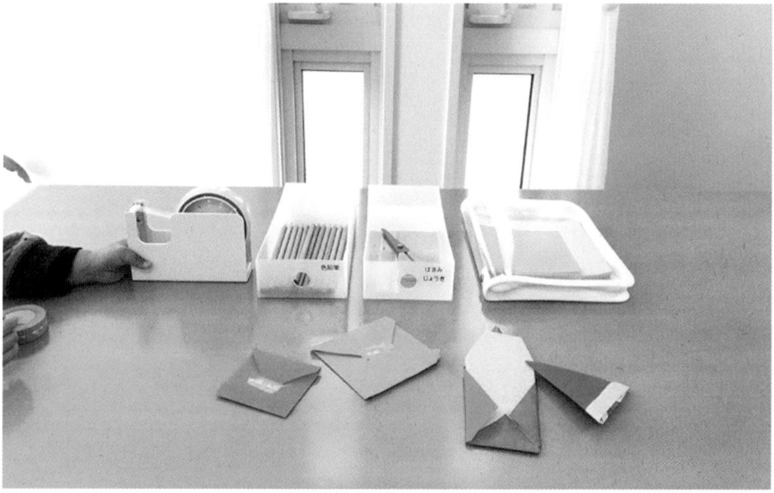

두 아이와 각자의 일을 거실에서 함께

딸은 거실에서 공부를 합니다. 이때 둘째인 아들도 뭔가를 같이 하고 싶어 해서 종이접기나 색칠공부, 그림을 그리도록 했어요. 저는 그 옆에서 아이들 문제집 채점을 하거나 우편물 체크, 서류 작성 등을 하지요. 각각 하는 일은 달라도 함께 있기 때문에 뭔가 안심이 됩니다. 테이블 바로 정면이 주방이라서 저녁을 준비하며 아이들의 모습을 지켜볼 수 있습니다.

아린코(@arinkomei)씨

아이와 함께 만든 배변훈련용 스티커판

아직 어린이 집에 다니지 않는 딸은 배변훈련 중이라서 훈련용 스티커 판을 직접 만들었습니다.
배변에 성공하면 스티커를 붙이는 시스템. 한창 색칠공부에 재미를 붙인 딸이 색을 칠하고 있어요. 스티커판을 함께 만들어가는 재미도 있고 배변훈련도 잘 되는 것 같아 일석이조. 딸과 함께하는 소소한 시간을 소중하게 생각합니다.

Family Time

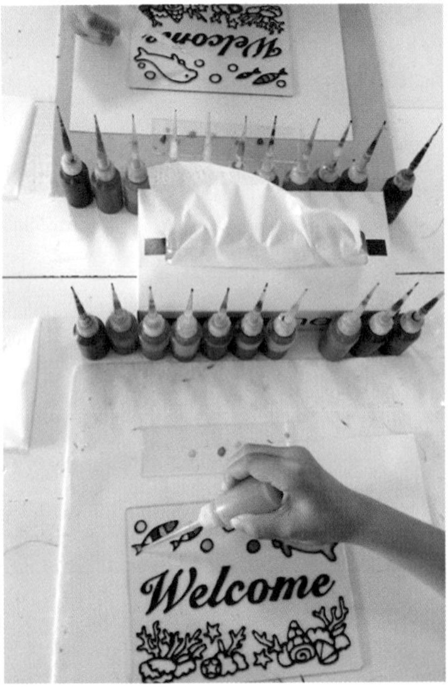

hana(@hana.ienote)씨

물건보다 추억, 가족 여행은 소중한 시간

아이들과 함께 있을 수 있는 시간은 긴 것 같지만 순식간입니다. 그래서 가족여행은 갈 수 있을 때 가려고 마음먹고 있어요. 물건은 망가지거나 없어지지만 추억은 언제까지나 마음속에 남는 것이니까요. 요 몇 년 간은 일 년에 한번, 가족 모두가 좋아하는 오키나와를 중심으로 움직이고 있습니다. 맑은 날씨를 누리며 바닷가와 풀장에서 수영을 하고 시장을 둘러보거나 스테인드글라스풍 접시를 만들기도 했지요. "여기는 시간이 천천히 흐르네요."라는 아이들의 말이 인상적이었습니다. 어린 마음에도 도시생활의 분주함을 느끼고 있었던 것 같아요. 여행 중엔 가족이 늘 함께. 이런 시간을 갖는 것은 아이들이 커감에 따라 더욱 소중하게 느껴집니다.

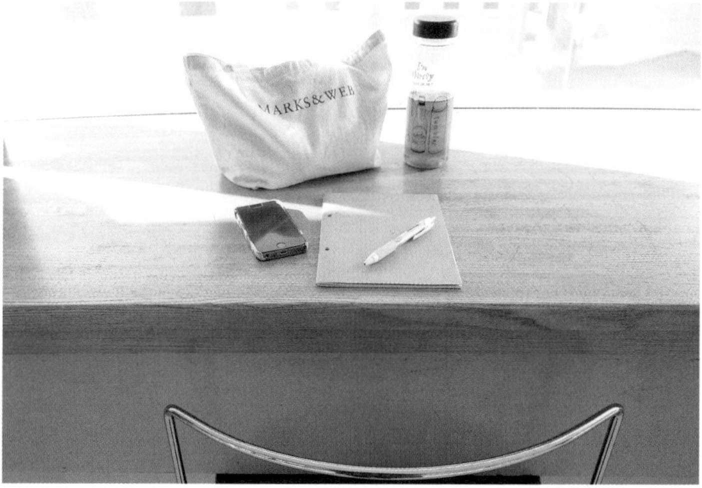

ayaco(@a_kurashi_note)씨

출근 전 1시간, 나를 위한 시간으로

업무가 시작되기 1시간 전에는 직장 가까이까지 이동. 무료로 사용할 수 있는 휴게실에서 자유 시간을 보냅니다. 혼자서 느긋하게 생각하거나 앞으로 도전하고 싶은 일을 몇 가지 적어보기도 하고 책도 읽지요. 집에 돌아가면 정신없이 바빠지기 때문에 이런 시간은 정말 소중합니다. 아침의 자투리 시간을 효율적으로 사용할 수 있습니다.

yuri(@yu.ha0314) 씨

딸을 재우고 느긋한 혼자만의 시간

내 집에서 느긋하게 보낼 수 있는 시간은 하루의 힐링이 됩니다. 이런 시간에 집이 지저분한 것은 딱 질색이라 아이를 재우기 전에 청소기를 돌리는 등 거실 청소를 마치려고 합니다.

yu(@yuu___425) 씨

세면대 아래 화장 도구 상자 두기

아이들이 아직 어려서 화장할 시간 내기도 어려울 때가 많습니다. 그래서 화장 도구를 세면대 근처에 두고 아침에 세수를 한 다음, 바로 화장을 끝냅니다. 바로 손을 씻을 수 있고 고데기 스위치를 켜두면 바로 머리까지 손질할 수 있어 시간이 단축됩니다.

인기 미니멀리스트 27인의
살림 아이디어
미니멀라이프 시간과 돈 사용법

1판 1쇄 발행 2018년 1월 5일
1판 4쇄 발행 2019년 11월 5일

지은이 주부의 벗 편집부
옮긴이 김수정
펴낸이 정원정, 김자영
편집 홍현숙
디자인 나이스에이지
마케팅 소요프로젝트

펴낸곳 즐거운상상
주소 서울시 중구 충무로 13 엘크루메트로시티 1811호
전화 02-706-9452
팩스 02-706-9458
전자우편 happydreampub@naver.com
페이스북 @happydreampub
출판등록 2001년 5월 7일
인쇄 천일문화사

ISBN 979-11-5536-073-6(13590)
